U0855744

图解妈妈一定要懂的育儿心理

TUJIE MAMA
YIDING YAO DONGDE
YUER XINLI

黄益◎编著
花种子◎绘

中国妇女出版社

图书在版编目（CIP）数据

图解妈妈一定要懂的育儿心理 / 黄益编著；花种子绘. --北京：中国妇女出版社, 2017.1

ISBN 978-7-5127-1234-8

Ⅰ. ①图… Ⅱ. ①黄… ②花… Ⅲ. ①婴幼儿心理学—图解 Ⅳ. ①B844.11-64

中国版本图书馆CIP数据核字（2016）第171665号

图解妈妈一定要懂的育儿心理

作　　者：黄　益　编著　花种子　绘
责任编辑：万立正
封面设计：柏拉图
责任印制：王卫东
出版发行：中国妇女出版社
地　　址：北京市东城区史家胡同甲24号　　邮政编码：100010
电　　话：（010）65133160（发行部）　　65133161（邮购）
网　　址：www.womenbooks.com.cn
经　　销：各地新华书店
印　　刷：北京通州皇家印刷厂
开　　本：170×240　1/16
印　　张：20.25
字　　数：270千字
版　　次：2017年1月第1版
印　　次：2017年1月第1次
书　　号：ISBN 978-7-5127-1234-8
定　　价：39.80元

Preface 前言

妈妈养育0～6岁的婴幼儿，常常会遇到各种困惑和难题。比如：

孩子为什么爱吃手，抓到什么东西都往嘴里塞？

孩子为什么不断扔掉手里的东西，你捡起来给他，他又扔掉？

孩子为什么爱学舌？

孩子为什么拿着大人认为又脏又没意思的小石块、小烟头、小纸片玩个不停？

孩子为什么做事总是东瞅瞅西看看，注意力不集中？

孩子动不动就哭闹，怎么办？

孩子爱说“我就不”，总和妈妈对着干，怎么办？

孩子怕生人，怎么办？

孩子爱打人，怎么办？

……

像这样的“十万个为什么”数不胜数，妈妈按下葫芦起了瓢，觉得孩子真是太难教育了。

其实，这些难题往往不在于孩子有多难教，而在于妈妈不懂幼儿的心理，不能从幼儿的心理特点和规律出发，而是按照成人的思维去看待问题、对待孩子，从而出现教与学的错位，自然收不到期望的效果了。比如：

孩子爱吃手、爱咬东西，是他在“通过口和手来感受事物、认识世界”，这是孩子在不会说话、不会走路前最主要的学习方式。妈妈不了解这个心理特点，一味阻挠，就破坏了孩子的学习过程，有些行为（例如通过用口感知事物）被抑制后，会在孩子三五岁，甚至更大年龄时以其他形式出现，比如吸吮手指、咬人等。

孩子学舌是他在通过“模仿”这一方式来学习语言。孩子不仅模仿妈妈的言语，而且也模仿妈妈的行为：妈妈炒菜，他也炒菜；妈妈扫地，他也扫地。妈妈应该知道：模仿是0～3岁孩子很重要的智力发展过程；让孩子去做，模仿不是错；放慢自己的动作，满足孩子模仿的需要，给孩子成长的空间。

孩子爱玩小石块、小烟头、小纸片，这是孩子“进入了对细微事物感兴趣的敏感期”，在发展他的触觉、视觉、手眼协调能力、观察力等。

孩子“注意力不集中”，往往是妈妈的要求不符合孩子的心理发展特点。要知道“6岁前孩子的注意力只能维持几分钟到十几分钟”，妈妈却要求孩子安安静静地长时间做一件事。另外，所谓注意力不集中，往往是父母造成的——同时给孩子提供多个玩具，一次向孩子提出多个要求，让孩子做不感兴趣的事情……

孩子说“我就不”，和妈妈对着干，是他在发展“自我意识”，是独立、自尊、自我控制的突出表现。

孩子怕生人，是因为孩子具有“陌生人焦虑”。孩子见到陌生人的表现，反映了孩子与妈妈的依恋关系质量。如果亲子依恋的质量高，孩子拥有安全感，见到陌生人的恐惧就少些。

……

正是由于妈妈不了解孩子的心理特点，才导致很多教育难题的出现。首先，妈妈不了解孩子为什么会出现这些行为现象，甚至认为这些行为现象是不正常的。其次，妈妈不知道如何面对和处理这些行为现象，或者勉强下手，使用了错误的方式方法，导致孩子的问题愈加严重。这相当于一位医生不会号脉或号错了脉，开出的药方不仅不治“病”，“病”还会越治越重。而掌握了儿童心理学知识的妈妈，就像医术高超的医生，对症下药，药到病除。

所以，妈妈首先应该学习幼儿心理的一些基本常识。这是妈妈的必修课和基本功，是获得“家长执照”的前提。

幼儿心理学是研究幼儿心理活动和行为表现的科学。它能帮助妈妈正确了解幼儿。通过学习幼儿心理的知识，我们不仅会知道幼儿的眼睛看到的事物、头脑里想到的事情、活动中表现的行为与成人完全不同，而且能知道幼儿为什么会这么想，为什么会这么做。

更重要的是，它能为妈妈提供理论依据和教育指南。只有在正确理论和观念的指导下，妈妈才能避免盲目的教育、无效的教育，尽可能减少对孩子的伤害，在正确的时候给予孩子正确的引导和培养。小树在渴了的时候我们需要给它浇水，饿了的时候需要给它填土施肥，这样小树才会茁壮成长。同样地，接受正确教育的孩子才能不被误解和耽搁，才能按照规律有节奏地成长。

本书最大的特点是将幼儿心理的权威理论和家庭教育的实践经验紧密结合起来。书中介绍的理论代表了当前儿童心理学发展的最高水平和最新发现，推广的教育经验经过了家教专家的论证和广大家长的验证，适合广大家长灵活运用。

我国著名儿童教育家陈鹤琴说过：“儿童不是成人的缩影，而是有他独特的生理、心理特点的。幼儿期是身体智力发展的极为重要的时期，必须掌握其特点，掌握其生长发展的科学规律，才能把幼儿教好、养好。”

愿这部浓缩了中外儿童心理学发展结晶和东西方家庭教育智慧的亲子教育作品，使众多的中国妈妈能够了解0～6岁孩子发展的心理特点和发展规律，走出幼儿教育的迷局和困境，培养出身心健康、全面发展的孩子。

Contents 目录

Part 1

感知觉——孩子健康发展的基石

Part 2

注意力——孩子内心世界的第一扇门

Part 3

记忆力——孩子智力活动的源泉

Part 4

思维力——孩子智力发展的能量

Part 5

语言——孩子自我表达的工具

Part 6

情绪——呵护孩子的情感世界

Part 7

自我意识——孩子觉醒的力量

Part 8

社会化——让孩子学会与人交往

Part 1

感知觉
——孩子健康发展的基石

我们看到一朵花，既能知道它的颜色、枝形、香味等个别属性，也能通过大脑的分析判断出它的整体属性——这是一朵什么花。

人脑对直接作用于感觉器官的事物个别属性的反映就是感觉，包括视觉、听觉、味觉、嗅觉等。人脑对直接作用于感觉器官的事物整体属性的反映是知觉。幼儿期知觉的发展主要表现在空间知觉、时间知觉等方面。生活中，感觉和知觉往往是相联系的，因此我们常把它们合称为“感知觉”。

感知觉在婴幼儿早期的认识活动中占有主导的地位，是婴幼儿认识自我、探索世界的第一步。促进感知能力的发育发展，是早期教育的重要内容，是孩子全面、健康发展的基石。

感知觉的发展从婴儿出生就开始了，并在生命的最初几年内迅速发展，绝大部分基本的感知觉能力在0～6岁完成。所以这段时间是孩子感知觉发展的敏感期。

视觉敏感期（0~6岁）

——呵护人类最重要的感觉通道

视觉是人最重要的感觉渠道。研究发现，约有80%的信息是通过眼睛的视觉感受传送给大脑的。对于婴幼儿来说，视觉的作用更为巨大，因为成人有时可以通过语言听觉获得信息，而婴幼儿很难做到这一点，他们对语言信息的接收和理解常常需要视觉形象作为支撑。

视觉敏感期从出生开始，持续到6岁。父母要根据孩子视觉发展的规律，对孩子进行视觉训练，让他顺利度过视觉敏感期。

表1–1　视觉发展规律及培养要点

年龄	0～6岁孩子视觉发展规律与培养要点
0～1个月	◎出生后即能够看见眼前的东西。 ◎新生儿最佳视距在20厘米左右，相当于母亲抱着孩子喂奶时，两人脸对脸的距离。 ◎新生儿更喜欢对比度高、有明显的明暗分界线以及有弧线的中等复杂程度的图案，如白背景下的黑边线、曲线和同心圆式的图案等。（父母可以为孩子准备黑白相间的小道具，比如，黑桃花色、梅花花色的扑克牌，黑白相间的衣服，黑白人脸画，黑白靶心图案，白底黑图卡。尤其是黑白靶心图案，孩子最为感兴趣。）

续表

年龄	0～6岁孩子视觉发展规律与培养要点
1～2个月	◎能看清眼前15厘米～25厘米内的物体，太远或太近不能看清楚。 ◎能盯住大人的脸，开始双眼协调运动。 ◎能够用眼追随移动的物体。 ◎当有物体很快靠近眼睛时，会出现眨眼等保护性反射。
2～4个月	◎能看清大约75厘米远的物体。 ◎开始视觉集中，注视地看。 ◎两眼会跟踪走动的人，能较顺利地追视物体。 ◎喜欢看明亮鲜艳的颜色，偏爱的颜色依次为红、黄、绿、橙、蓝等。（婴儿仰卧位，在其胸部上方30厘米左右用玩具，最好是红颜色或黑白对比鲜明的玩具来吸引孩子注意，并训练孩子视线随物体做上下、左右、圆周、远近、斜线等方向运动，以刺激视觉发育，发展眼球运动的灵活性及协调性。）
4～6个月	◎能对近的和远的目标聚焦，眼的视焦距调节能力已和成人差不多。 ◎可以准确看到面前的物品，还会将其够到或抓起，在眼前玩弄，手眼开始协调。 ◎能认出熟悉面孔，视野发育更加完善。（父母可以让一束细小的光线一会儿靠近孩子，一会儿远离孩子，让孩子用眼睛追逐光线。）
6～8个月	◎能辨别物体的远近和空间。 ◎开始出现视深度感觉。 ◎视点能从物体转向物体，能捡起失落的物体，眼球能自如移动。 ◎观察运动物体并能快速追视。（可以多和孩子玩“躲猫猫”游戏。）
8～12个月	◎视力很好，转眼自如，视线能随移动的物体上下左右移动。 ◎能追随落下的物体，寻找掉下的玩具。 ◎会观察物体的不同形状。 ◎视功能充分发展，可以玩积木或组装物体。

续表

年龄	0～6岁孩子视觉发展规律与培养要点
1～2岁	◎喜欢看图画书。 ◎能区别物体。 ◎能看见细小的东西，如爬行的小虫、飞着的蚊子，能注视3米远的小玩具。 ◎会模仿动作，如模仿敲打与行为表演。
2～3岁	◎远距离视觉发展。 ◎能指认出喜爱的颜色，视觉记忆力增强。 ◎能分辨简单的几何图形，如圆形、长方形、三角形。 ◎视觉发育最为旺盛，接近成人视力。
3～4岁	◎依形状进行分类；开始有数量概念；可玩简易拼图、走迷宫等益智玩具。 ◎各种眼部生理反射形成并趋于稳固。
4～5岁	◎眼手协调能力增强，会做涂色、剪贴等手工。 ◎喜欢观察外围的人——父母、老师、同龄人、陌生人等，默默模仿其言行。此年龄段是学习视动协调整合的阶段，以奠定其操作能力。
5～6岁	◎观察图画内在联系。 ◎会临摹简单字母。
6～7岁	◎临摹抽象图画，写字，阅读。 ◎进入成人的视觉，但立体视功能到9岁才可达到正常。

孩子为什么“粗心马虎”——视知觉不足

小时候倒着爬。

经常把鞋穿反。

拼音“b、d”“p、q”经常搞混。

数字3、5、7会左右颠倒过来写，常把6和9、2和5等认反。

不能直观评价大小或长短等。

不能辨别简单的形近字，如“由”和“田”、“人”和“入”等。

分不清“田”字格的左右、上下方位。

对图形观察不仔细，不能按照正确的答案找出对应的数量。

不能指认出自家或父母的电话号码。

当孩子出现以上这些表现时，说明孩子视知觉存在一些问题。

视知觉能力不足，需要及时训练提高，否则入学后在学习上就会出现问题：“上”和“下”、“左”和“右”、“手”和“毛”分辨不清；混淆数字，数学竖式对齐总出错；读书跳字、跳行；缺少空间感，不能把字写在格子里；写作业丢三落四、拖拖拉拉；做起应用题来非常困难；无论在做作业还是考试时，都会出现一些莫名其妙、不可思议的错误……

遇到这种情况，教师或父母如果判定为“马虎”，那就错了，如果再指责孩子学习态度不认真，那更冤枉孩子了。不仅如此，孩子还可能被扣上“多动症”“捣鬼”“笨”的帽子。这都是很不公平的，只能给孩子造成更大伤害，解决不了问题。

视知觉发展不足的孩子，父母需提高警惕，要早诊断、早训练，否则后期发展为视觉障碍会给孩子和父母带来极大的苦恼。首先，应该找到造成孩子视知觉不足的原因。

先天原因可能是：胎儿9个月左右时，妈妈的运动不足，遛胎少，影响了胎儿前庭平衡系统的建立与学习，所以专家提倡这时期的孕妇要适当遛胎。

后天原因要更多一些，例如：

早期视觉经验的剥夺。婴幼儿早期视觉能力发展与足够的视觉信息刺激是分不开的。有个小男孩因为出生后一只眼睛轻度感染，被绷带缠了两周时间，这只眼睛在这段时间无法接收外界的任何信息，虽然从生理上看那完全是只好眼睛，但之后却永远看不见东西了。

图1-1　抬头

没有很好地完成从仰卧到俯卧的抬头、从被抱到被背这两次空间转换。孩子百天后，父母要多为孩子做翻身抬头训练，多背一背、抱一抱，时间也不宜过长，每次5分钟左右即可，少用婴儿车长时间地推着孩子走。

没有经过爬行就会走路或者爬行很少。孩子在爬行训练中，爬得越多，越有利于其对空间关系的认知。

被动吸烟。婴幼儿的眼球正处于发育期，烟草中的毒性氰化物会影响孩子视神经的发育。

长时间看电视。孩子一直盯着电视、电脑屏幕，不仅会使眼球运动减少，还会使眼球充血，出现眼球干燥，甚至导致眼球视网膜的感光功能失调，造成植物神经紊乱等。

错误的教育方式。孩子因视知觉不足而表现得不够好时，父母马上指责："你能不能看仔细点啊？""你还长不长记性啊？"这些消极的评价对孩子的行为问题会起到强化作用，孩子会以为自己天生就是这样的，父母也没有办法，从而进一步抑制了视知觉的发展。

让孩子的眼睛炯炯有神——提升视知觉

若孩子视知觉发育不好，则需要对孩子进行视知觉能力的训练来改善视知觉不足的问题，并进一步发展视知觉能力。

◎**转头看**　孩子仰卧在床上，妈妈手拿色彩鲜艳的铃铛等响铃玩具，先在孩子面前摇响玩具以吸引孩子的注意，然后拿着响铃慢慢地左右移动，使孩子的头跟随眼前移动的玩具而移动。

◎**会移动的光线**　孩子仰卧在床上，妈妈用手电筒照天花板，并用手指向照亮的地方，逗孩子看。等孩子发现亮光后再移动手电筒光，让孩子的视线跟着光线移动，培养孩子的视觉追踪能力。

◎**辨颜色**　让孩子闭上眼睛，说出爸爸、妈妈穿戴的衣帽、鞋袜等是什么颜色的。为了增加孩子对游戏的兴趣，也可以请爸爸或者妈妈闭上眼睛，说出孩子穿戴的衣帽、鞋袜的颜色。

◎**涂颜色**　一幅有色图形，一幅无色图形，让孩子对应涂色。

◎**靠记忆画画**　先看一幅简单的几何图形1 ～3秒，然后在不看图画的情况下把图形画出来。随着几何图形的难度加深或呈现时间的缩短，孩子瞬间视觉记忆能力将会得到极大的提高。

◎**抛接球**　左手拿一个适合孩子抓握的球（如网球），抛起球用右手接住，然后右手抛左手接。（高度要合适，以刚抛过头顶为宜。）

◎**气球在哪里**　在孩子跟前拿一个鲜艳的红色气球，在距离孩子30厘米处来回移动，让孩子的目光跟着气球转动。

◎**投篮入筐**　准备废旧报纸和塑料篓或桶。爸爸或妈妈示范搓揉纸团，即用废报纸抓在手里将其揉成团状。让孩子动手做纸团，父母可以指导孩子揉搓。爸爸妈妈示范把纸团扔入塑料篓，之后让孩子来投，孩子投中后一定不要忘记表扬他；如果没有投中，爸爸妈妈就要及时给予鼓励，让孩子多练习。观察孩子投球情况，随时调整塑料篓的距离。

图1-2　投篮入筐

◎**变、变、变**　准备孩子认识的小动物玩具，如小猫、小熊等4种。在桌子上放上这些玩具，请孩子依次指认，并说出它们的名称。让孩子闭上眼睛，妈妈说“变、变、变”，然后悄悄拿走一个玩具，请孩子睁开眼睛看一看，说说什么东西不见了。

◎**扑克牌游戏**　父母可以随便选4张牌，一线排开，让孩子仔细看一段时间并记住，15秒后收走，让孩子依次排出；或者将其中的两张变换位置，让孩子说出来，之后可适当加大难度。

◎**抛球入杯**　准备一个乒乓球与一个塑料纸杯，一只手把球丢在地上，另一只手拿着杯子去接弹起来的球。

◎**丛林寻宝**　把每组中与多数不同的那个“宝物”圈起来或在括号内写上“宝物”的个数。范例如下：

55555255552555555552555555552555552555555（　　）个

66666066666666606666666066666666660666666（　　）个

88888838888883888883888888388888883888888（　　）个

FFFFHFFFFFFFHFFFFHFFFFFFHFFFFHFFFFF (　　) 个

GGGGGGGGGCGGGGGCGGGGGGGCGGGGG (　　) 个

我 我 我 我 找 我 我 我 我 找 我 我 我 我 找 我 我 我 我 找 我 (　　) 个

友友友友支友友友友友友支友友友友支友友友友友 (　　) 个

听觉敏感期（0~6岁）

——不要“耳边风”，要听得清、记得牢

有的孩子让父母觉得特别难管，说什么话父母都得重复好几遍。幼儿园老师也觉得这些孩子整天一副心不在焉的样子，刚布置的任务，转眼就忘得一干二净。父母、老师都认为孩子的学习态度有问题，甚至认为孩子的智商有问题。父母和老师都很烦恼。

这些孩子的情况可能属于典型的听知觉能力落后。他们并不是不尊重父母、老师，不认真听父母、老师的话，也不是故意要去忘记成人的叮嘱，而是因为听知觉能力落后，无法听明白、听清楚或者记住成人的话。这成了影响孩子学习效果的一个重要原因。

听觉是幼儿获取信息的主要渠道之一，他们依靠听觉辨认周围事物的特点。幼儿与成人交往，特别是学习口语，必须依靠听觉。听觉对幼儿智力、个性发展具有重要影响。

以前，人们认为“婴儿刚生下来时都是耳聋的”，这种观点早已过时了。现在的研究证明，5~6个月的胎儿即开始建立听觉系统；出生后，随着新生儿耳中羊水的清除，声音更易传递和被感知；婴儿出生后头几天听觉敏感度便会有很大的提高。

表1-2　听觉发展规律及培养要点

年龄	0～6岁孩子听觉发展规律与培养要点
0～1个月	◎出生24小时后对大人说话的声音就很敏感。 ◎一周后，听力发育成熟，会密切注意人的声音，也会对噪声敏感。 ◎在宝宝身旁说话，宝宝会将头转向熟悉的声音和语言。
1～2个月	◎对声音的反应十分敏锐，对熟悉或陌生的声音会作出不同的反应。 ◎在宝宝的不同方向发出声音，宝宝会向声源处转动头部。
2～4个月	◎能区分大人的讲话声，听到妈妈的声音会很高兴。 ◎能区分男声女声，对语言中表达的感情已很敏感，能出现不同反应。（妈妈的声音是婴儿最喜爱听的声音之一，妈妈可在孩子周围不同方向用说话声或玩具声训练宝宝转头寻找声源。可选择不同音乐或发声玩具，或改变说话的声调来训练宝宝分辨各种声音。当然，不要突然发出过大的声音，以免婴儿受惊吓。）
4～6个月	◎对各种新奇的声音都很好奇，会定位声源，从房间的另一边和宝宝说话，宝宝就会把头转向声源方向。 ◎听到声音时，能咿咿呀呀地回应，对音量的变化有反应。（父母可以带宝宝到公园去，让他倾听大自然中的各种声音；摇动拨浪鼓，给宝宝听一听清脆的响声。在做所有这些事情的时候，别忘了加上语言，比如在给宝宝洗澡时，也要一边洗一边对宝宝说话。讲话时声音要清晰，语调要抑扬顿挫，不能用平铺直叙的低调子。）
6～8个月	◎倾听自己发出的声音和别人发出的声音，能把声音和声音的内容建立联系，比如妈妈说“奶瓶”，宝宝会去看奶瓶。 ◎大致能辨别出友好和愤怒的说话声：用温柔的语气对宝宝说话，他会很高兴；如果用很大声的类似于训斥的声音，宝宝会哭。 ◎对隔壁、室外传来的声音能主动寻找声源。
8～12个月	◎能区分音的高低。 ◎能模仿大人的发音，如“妈妈”“爸爸”“宝宝”等。 ◎根据大人的指令能指出自己的眼睛、耳朵、嘴巴等五官。

续表

年龄	0～6岁孩子听觉发展规律与培养要点
1～2岁	◎能寻找侧面、下面、上面的声源。 ◎能按简单指令行动。 ◎具有一定的语言能力，以字、词代句，语言能力发展较快。 ◎音乐的旋律能触动孩子的心弦，孩子会自发地拍手、摇摆身体。 ◎2岁时听力水平接近成年人。
2～4岁	◎具备语言理解和听觉记忆能力。 ◎喜欢学大人的语调，反复运用经常听到的语汇。 ◎语言的运用从叠音进步到短句，语句越来越长、越生动。
4～6岁	◎音感与身体节奏感开始发展，喜欢律动唱游、打击乐器等活动。 ◎听觉记忆力逐渐发展，区分主题与背景的视知觉判断能力也更敏捷。

让孩子听得清、记得牢——听知觉的培养

如何尽早发现孩子的听知觉能力落后呢？这需要父母了解幼儿听知觉能力落后的具体表现：

- 充耳不闻，父母说的话通常跟耳边风似的。
- 平时和别人讲话很少有目光交流，严重的甚至眼神发飘，不敢与人正视。
- 听他人讲解时显得不耐烦或东张西望，不等别人把话说完就打断别人。
- 上课时听不了几句话就开始走神儿、做小动作，常因外界的细微干扰而分心，听课常常听一点、漏一片。
- 无法理解老师的讲课内容，常常是听而不闻；老师提问时，常常答非所问，甚至连老师问的是什么问题也没搞清楚。
- 听力完全正常，却听不清或记错老师布置的任务，教师口头布置的作业或其他事情常记不全或记不住。
- 听故事时，明明看到他认真听了，复述故事时却颠三倒四、逻辑不清或遗漏很多信息。

● 喜欢自己看着读而不愿听别人读。

孩子的听知觉能力落后排除器质性原因外，一般是听知觉的辨别力、记忆力、排序力等方面存在问题。

要让孩子听得清、记得牢，培养孩子的听知觉，应该从以下方面入手：

增强听知觉的辨别力

通过让孩子倾听环境中的声音，或让他们戴上耳机听故事，分辨声音的高低、大小、不同的音色，辨别声源的方向，分辨相近的声音等活动，增强儿童听觉的分辨力。

辨别声音：让孩子把眼睛闭上，判断房间里的某个声音是从什么地方发出的，是近还是远，是响还是轻，是高还是低。

搜索声音：把一个音乐盒或能发出声音的东西（如小闹钟）藏起来，让孩子根据物体发出的声音找到该物体。

追踪声音：在安全地带，如广场上，蒙起孩子的眼睛，大人移动时不断发出声音（比如手铃），让孩子追踪声音。

图1-3 搜索声音

捉迷藏：在家里蒙上孩子的眼睛，根据听觉寻找藏起来的人。

增强听知觉的记忆力

即时仿说（听完后立即复述）：父母可以说一个词或一个句子，让孩子仿说，然后逐渐增加字句的长度。比如，我看见——我看见妈妈——我看见妈妈和姥姥——我看见妈妈和姥姥在一起做饭。还可以让孩子仿说听到的故事，来提高孩子的听觉记忆力。故事选择应由短到长、由简单到复杂。

延时仿说（回忆并准确复述以前听到的信息）：告诉孩子一句简单的话，比如，“明天上午奶奶要来我们家”。隔1分钟后问孩子，“妈妈刚才告诉你什么了？”当孩子熟悉这项活动后可以适当延长回忆的时间，如5分钟、10分钟、半小时、半天、一天……再让孩子复述妈妈一开始所说的话。当孩子能将简单话语记住后，可以适当增加句子的长度和内容的复杂性。

增强听知觉的排序力

使用编序词语：教孩子了解并使用编序的用语，如“下一个”“先”“再”“最后”，然后练习一些简单的序列句子。比如，“我先买票，再上车”。

多感觉强化：利用视觉—听觉—触觉等多种感觉的结合，加强听觉顺序能力。比如，让孩子对照故事发展的图片来听故事，听完故事后，让孩子练习将故事发展的图片排成正确的顺序。

嗅觉、味觉敏感期（0～2岁）

——妈妈的气息让孩子最安心

宝宝出生即有了嗅觉和味觉。0～2岁是嗅觉和味觉敏感期，妈妈的气息让孩子最安心。

表1–3 嗅觉、味觉的发展规律及培养要点

年龄	嗅觉、味觉的发展规律及培养要点
0～1个月	◎新生儿的嗅觉和味觉都已经有了相当的发展。 ◎新生儿一般都偏爱甜味，但女婴比男婴更喜欢甜味，说明在出生最初几天就存在味觉的性别差异。 ◎人生品尝的第一种食物，是母亲的乳汁。在吸奶的同时，感受到母亲身体的温暖与柔软，感到无比的安全与温馨。 ◎由于婴儿的视力不好，更需要依赖嗅觉感知母亲的存在，嗅着母亲的体味，在熟悉、安适中，香甜地进入梦乡。 ◎对刺激性气味表示厌恶。

续表

年龄	嗅觉、味觉的发展规律及培养要点
1～2个月	◎可区分五味（酸、甜、苦、辣、咸），对刺激的气味会产生排斥反应。 ◎随着婴儿的逐渐成长，母亲不再时时刻刻待在身旁，婴儿如果在召唤、等待母亲的同时，发现盖在身上的毛毯，它的气味及触感能让自己感到舒畅，从此这件毛毯成了小宝宝的依恋物。
2～3个月	◎能辨别不同味道，并表示自己的好恶，遇到不喜欢的味道会退缩、回避。（吃饭时，用筷子蘸菜汁给孩子尝尝；吃苹果时让孩子闻闻苹果香味、尝尝苹果味道；洗澡时，让孩子闻闻肥皂香味；用奶瓶喂奶时，让孩子用手感受一下奶瓶的温度，等等。这些都有助于孩子嗅觉或味觉的发展。）
3～6个月	◎喜欢尝试，想把所有东西放到嘴里，借由舌头学习与物品间的关系。 ◎对食物的微小改变已很敏感。
6～9个月	◎味觉处于极为发达的状态，6个月之后最为发达，过了婴儿期会慢慢衰退。
9～12个月	◎表现出对甜味和盐味的爱好。 ◎分辨气味的能力进一步提升。
1～2岁	◎妈妈不在身边，孩子觉得孤单、委屈时，可借依恋物（手帕、毛毯等）的气味及触感让孩子得到片刻慰藉。（可用新鲜的蔬菜水果或烹调过的食物引导孩子去品味，有计划地扩展宝宝对食物的喜爱。）
2～3岁	◎孩子对陌生食物的接受性有待父母的引导。 ◎多给孩子吃温热的食物（少吃生冷的食物），进而引发孩子的食欲。
3～6岁	◎此阶段孩子成长很快，需要丰富的营养提供能量。 ◎容易受广告影响，吵着要吃市售零食、饮料。要注意，一旦孩子习惯吃重口味的食物，就会越吃越甜、越咸，长此以往，将对健康造成很大的伤害。

触觉敏感期（0~6岁）

——一点儿碰不得与流血没痛觉

3岁的小姑娘乐乐清秀可人，除了让爸爸妈妈抱抱、亲亲外，对别人的爱抚一概排斥，唯恐避之不及。当妈妈给她洗澡、洗头的时候，乐乐哭叫不止，把妈妈的脸和头发乱抓一气。因此，小姑娘给人的感觉就像《西游记》里那个身披五彩霞衣的娘娘，碰摸不得。

4岁的男孩齐齐，吃饭时撒落在桌子上和地上的饭粒比吃进嘴里的还多，手里拿的东西也总会掉在地上，喝牛奶时常常打翻杯子……妈妈在帮齐齐穿脱衣服时，看到他手臂和腿上有瘀青伤痕，但是，从未听他喊过疼。有一次妈妈看到齐齐不小心被小刀切到了手指，鲜血直流，齐齐却一副若无其事的样子，妈妈这才开始怀疑男孩的触觉有问题。

这两个孩子对触觉刺激的反应为什么和一般孩子有如此大的不同？实际上，这些都是触觉功能失调的表现。

触觉是人类生存所需要的最基本、最重要的感觉之一，既是孩子在成长过程中探索环境的重要中介，也是保护身体免受伤害的重要防线。在触觉中，对孩子心理发展作用最大的是口腔触觉和手的触觉。

婴儿出生后就有触觉反应。比如，母亲的乳头接触到婴儿的嘴或面颊时，他就会做出觅食和吸吮动作；物体触到他的手掌，他就会握住；抚摸他的腹部、面部等，他就会停止哭泣，等等。4～5个月大，婴儿视触协调能力发展起来，他可以有意识地够到物体，并通过触觉来探索外在世界。

表1–4　触觉发展规律及培养要点

年龄	0～6岁孩子触觉发展规律与培养要点
0～3个月	◎透过触觉细胞密布的嘴唇寻找乳头，以得到食物营养。婴儿喜欢吸吮奶嘴或手指，来舒缓情绪，获取心理安全感，同时，透过口腔内丰富的触觉细胞，认识自己的身体及外在环境。（婴儿面颊、口唇、手指或脚趾等处对触压觉很敏感。可利用手或各种形状、质地的物体进行触觉练习。光滑的丝绸围巾、柔软的羽毛、棉花、梳齿、粗细不同的毛巾或海绵、几何形状的玩具均可让宝宝产生不同的触觉感，有助于发展宝宝的触觉识别能力。）
3～6个月	◎会主动伸手抓住逗引他的东西。对人的抚摸和拥抱很敏感。陌生人和宝宝互动，宝宝明显不喜欢，而爸爸妈妈的拥抱会让宝宝感觉安全舒服。（多让婴儿抓各种各样的东西，以培养手的抓握能力，比如让他抓一抓丝绸、羊毛、棉花、缎子、海绵、餐巾纸等。在宝宝手够得着的地方挂上玩具，引导他伸手去抓。抱宝宝的时候宜轻柔。）
6～10个月	◎看到东西伸手就去抓，不管什么都会往口里放；手的动作从被动到主动，由不准确到准确。能用眼睛去找从手中掉下的东西；手上拿着一根小棒去敲打另一个物品，尤其喜欢敲打能发出声音的玩具。
10～12个月	◎宝宝的手指会更加灵活，如果玩具掉到桌下面，还会去寻找丢掉的玩具。
1～2岁	◎孩子仍在口敏感期，拿了东西还是会放入口中，但是与婴儿不同的是，下一步就用手去把玩、用眼睛去观察，所以手指尖的触觉辨识能力开始增强，对口腔的触觉依赖则逐渐降低。

续表

年龄	0～6岁孩子触觉发展规律与培养要点
2～3岁	◎孩子的肛门期，对自己排泄器官的触觉信息开始敏感，有便意时下意识地会用手去触摸排泄器官，解便的过程会让宝宝感到快意。
3～4岁	◎孩子的触觉兴趣从自己的身体转移到手部。在彩色缤纷环境的视觉挑逗下，喜欢动手东摸西碰，来认识环境中的人、事、物。惯用手也逐渐建立，美劳活动能提供手部良好的触觉刺激，同时增进精细动作的协调能力。
4～5岁	◎孩子喜欢动手探索各类物品与工具，如剪刀、筷子等。使用工具比徒手把玩物品更难些，需要更精巧的手部协调。手掌与手指的触觉辨识，配合手部动作，对提升手部灵巧有重要影响。
5～6岁	◎此阶段一手成为优势手，另一只手成为辅助手，喜欢玩操作性玩具，日常生活的事也坚持要尝试自己做，如系鞋带、扣纽扣等。

太敏感与太迟钝——触觉功能失调

对于孩子的触觉，不少父母会不以为然，认为等孩子长大了，触觉自然也就成熟了，因而忽视了触觉在孩子成长中所具有的重要性。这一节开头时提到的两个例子中，乐乐和齐齐就属于触觉功能失调。

触觉功能失调分为触觉敏感和触觉迟钝两种。

小姑娘乐乐属于触觉敏感型。触觉敏感的孩子一般会表现出对外界的新刺激适应性弱，喜欢固着于熟悉的环境和动作中；不喜欢他人触摸，任何细微的刺激都会引起反应；人际关系冷漠、常陷于孤独之中；害怕拥挤、拒绝排队；胆小、害羞、缺乏自信；不喜欢碰触某些粗糙的衣料或物品；怕风吹；常拒绝理发、洗头或洗脸；人际关系紧张，注意力不集中等。这种儿童的个性孤僻、不合群，在团体中很难交到朋友，容易与人发生冲突争吵，攻击性强。

男孩齐齐属于触觉迟钝型。触觉迟钝的孩子一般反应慢、动作不灵活、笨手笨脚，学习积极性低下，学习吃力；黏人，喜欢搂搂抱抱，需要父母特别多的抚摩；细微分辨能力差；意外碰伤或流血时，自己常未察觉；等等。

在他们俩以后的成长中，会表现出注意力难以集中，情绪不够稳定，容易与人发生冲突，以至于人际关系紧张等种种情况。

触觉功能失调有先天原因和后天原因，例如，羊水过多或过少、剖腹产、非母乳喂养、触摸不足等。

触觉失调的儿童智力很正常，很难引起父母的重视。12岁以前可以通过感统训练纠正，超过12岁就会定型，将影响孩子的一生。感统训练不只是针对感统失调严重的孩子，表现正常的孩子也可以参加，从而更好地发展孩子的触觉。

下面的方法对于改善孩子触觉失调很有效果，供父母们学习：

触觉训练应从孩子一出生就开始，父母对孩子要多爱抚、拥抱，不能图清静省事，交给老人或保姆就不管了。父母可以经常轻柔地捏捏挠挠孩子的小脚、小手、小耳朵、小脸，摸摸宝宝的身体，根据宝宝的大小以适当的力度将宝宝抱在胸前，这些都是非常好的促进宝宝触觉发育的方式。

图1-4　触觉训练

尽可能用母乳喂养。迫不得已用奶粉喂养时，不要催促孩子或以紧张、焦虑的心情期待孩子赶快喝完。

孩子在两岁前爱吃手、吃毛巾、咬东西等，这些都是正常的，不要限制，注意清洁卫生即可。

可选用干毛巾、丝绸、软毛刷、天鹅绒衣服，轻擦儿童的背部、腹部、腕部、面部、手、脚等部位的皮肤。一般来说，触觉刺激对神经系统产生影响的时间约在刺激30秒以后，时间越长，效果越好，但要根据孩子的耐受程度加以确定。当刺激物较为适宜、恰当时，则可能具有促进感觉统合的作用；否则，当刺激物过于强烈、异常时，可能会对儿童感觉统合起到破坏作用。

找一条略微粗糙的大毛巾，将孩子整个卷起来，再轻轻滚动或下压，也可用双手轻轻抱紧孩子身体的各部位，强化各部位的触觉感受。大一些的孩子可以进行羊角球、袋鼠跳、水中活动等。这些触觉训练活动可以持续到12岁。

在地板上铺上不同材质，比如塑胶、布料、木地板、蓬松棉等，为宝宝提供一个爬行的小环境，让宝宝在爬行的过程中促进触觉的发育。让宝宝在地毯上双手抱头，向左右两个方向滚动，或者进行前滚翻和后滚翻，对触觉、动作平衡、协调都有帮助。

多让孩子玩土、泥巴、沙子、石子、水。

用带突起的小刺球在孩子身上滚动或轻压，四肢和前胸可以由孩子自己来完成，后背则由父母辅助进行。

不管什么东西都往嘴里放——口的敏感期（0～2岁）

8个月大的奇奇喜欢坐在玩具堆里玩儿，抓住什么就放到嘴里又啃又咬，口水流得老长，无论是硬的还是软的他都用嘴尝个遍，感觉什么都很好吃，什么都可以吃到肚子里。

为什么孩子喜欢用嘴尝各种东西？比如，喜欢吃手？

对于刚出生的婴儿，唯一能使用的“工具”就是嘴。口的敏感期出现于孩子出生三四个月之后。

儿童天生具有吸吮与抓握的能力，这就意味着儿童最先使用的嘴比其他的器官更加敏感。当婴儿第一次将手无意间伸到嘴里后，由于吸吮手指带来了精神愉悦，婴儿就会无意识地练习将手送到嘴里，之后发展到抓到东西也能够熟练放到嘴里。这个时期的儿童急切地用他的舌头和嘴唇去感受事物，凭借来自舌头的味觉和嘴唇的触觉，吸收环境中每样东西的特质，以便寻找采取行动的方法。

对于2～3个月的婴儿来说，吃手标志着其心理发育进入一个新阶段——手指功能的分化和初期的手眼协调，是智力发展的一种信号。此时手是宝宝最好的玩具。父母若能细心观察就会发现，当宝宝感到不安、烦躁、紧张时，吃手能镇静安慰他的情绪。有的宝宝在浅睡状态时，会用吮手指来寻求自我安慰而重新入睡。在心理学意义上，吮吸手指可以得到心理上的满足，使孩子获得快感。

1岁前孩子"吃手"是正常生理行为，父母不用特别担心。尤其是2～6个月大时，孩子吃手是必要的。父母要做的是经常帮宝宝洗手，保持宝宝的手部卫生，以防细菌入侵引起宝宝的胃肠道感染。

图1–5　口敏感期

6～8个月大时，要转移宝宝的注意力，让他“吃玩具”。要为宝贝提供安全卫生的物品和玩具，最好选用无毒无铅的玩具制品并经常清洗消毒。材质要丰富，比如木质的、塑料的、布艺的等。也可选用牙胶和磨牙棒，吃的同时，还可以磨牙。经常检查玩具，不要有易脱落物，以免宝贝误吞造成危险。

8～14个月，宝宝开始由用嘴分辨事物过渡到用手去分辨事物，基本不吃玩具了，而是用手玩玩具，偶尔不认识的玩具用嘴咬一咬。

1岁内宝宝不吸手指反而不正常。父母需要多多观察，甚至可以试着牵宝宝的手，放到他的嘴边，让他吸吸看。

1岁以后的宝宝，如果过渡得好，应该不再吃手了。有的宝宝保留了一些吃手的习惯，不会一下子改掉，而是偶尔还要吃几下。如果是这种情况，父母可以转移孩子的注意力。

1岁以后，孩子继续吃手，且吃得挺厉害，甚至出现咬指甲、咬被角、咬衣服袖口的现象，就有些不正常了。这会是什么原因呢？

口预期没有过渡好。如果口部没有得到充分满足，孩子大了，就会出现上述情况，甚至我们大人也会出现咬指甲、咬嘴唇、咬腮帮子里的肉等现象，总之会转化成很多细微的习惯。父母要使孩子顺利补上口腔敏感期这一“课”。具体做法是给孩子提供可以咬、尝的东西，比如橡皮圈、软硬不同的食物、干净的不同质地的物品等，以满足孩子口腔的味觉和触觉。

吸吮的需要没有得到满足。如果是母乳喂养，孩子一般会在15分钟吃完奶，那么此时就延长3～5分钟，让孩子多吃几分钟，让他的嘴部“过足瘾”。如果是奶瓶，在现有的阶段换成小一号的奶嘴，流奶量小点儿，但要有个度，妈妈慢慢掌握。如果奶流太小，孩子最后吃不完，累得睡着了，就不合适了，所以要慢慢摸索，让孩子肚子满足，嘴也满足。

生活单调，孩子无聊、孤独、压抑、焦虑。父母忽视与孩子的交流，孩子会由于缺少爱抚，以吃手的方式自我慰藉。这时父母要和孩子多交流、多玩耍。三四岁的孩子，要多培养兴趣，像画画、弹琴、下棋、做游戏和其他体育活动等，让孩子把精力投入这些有趣的活动中，而将吃手的毛病逐渐改掉。

孩子体内缺少微量元素，如锌、铁等。可以带孩子去医院进行微量元素检查，若是因缺少微量元素引起，就要及时补铁、锌等微量元素。

在口的敏感期，儿童和成人时常发生冲突——成人想保持干净，而儿童抓到什么都想往嘴里放。父母最受不了的就是孩子吃手和乱咬东西，每当发现孩子这样做时就会把手和东西打掉，不让他咬。当父母不让孩子这样做时，他会感到难受，难受就要哭闹，用哭闹来争取。这一切，儿童都是无意识做的。

如果口的敏感期被强行干涉，孩子就会将口的行为欲望压抑下来，长大后更易形成具攻击力的性格，男孩易具有暴力倾向，女孩则更爱说闲话，讽刺挖苦人。有心理学家认为，成年人一些关于口的不良习惯，如吐吐沫、啃手指头、吮嘴唇、吃零食、讽刺挖苦别人、对他人进行语言暴力等，都有可能是口的敏感期遗留下来的问题。

抓、撕、捏、拧、捅——手的敏感期（0～6岁）

孩子出生六七个月就进入到手的敏感期。孩子的手一刻不停，抓、捏、摸、揪、拧、捅、按、插、撕……所有与手有关的事情都爱干。

当孩子第一次把手伸进嘴里的时候，感觉的中心也从口转移到了手，那时孩子可能有一种开天辟地的感觉。之后，孩子急切地用手感受事物，这使他们所感受的事物范围扩大了许多。

再后来，对于稍大点儿的孩子来说，用手抓拿物品俨然已成为再普通、再容易不过的行为，而对这个充满好奇心的探险者来说，整个屋子就是一个没有被探索的新大陆：把手是转动的，门是可以打开的，抽屉是往外拉的，垃圾箱是可以倒空的……在他们看来，走得到的一切地方、够得着一切东西都是不错的游戏。

孩子的每一次进步都预示着大脑发育的进程，都意味着孩子正在构建自己内在的世界。“心灵手巧”“笨手笨脚”等词语正说明手与脑之间有着密不可分的联系。大脑的发育可以使手的动作得到发展；反之，灵巧的双手也能刺激大脑的进一步发展。在某种程度上可以说，儿童是用手来思考的，手的自由使用表达了儿童思考的过程。

就拿撕纸这个简单的动作来说。科学家认为，孩子在撕纸的时候，是在进行一项完整的科学研究，孩子把纸片撕开后，先想想纸是什么材料做的，再闻闻纸的气味，尝尝纸的味道，然后把纸片在空中摇摇，听一听纸片发出的声音。这套动作调动孩子所有的脑细胞来进行研究。因此，看见孩子撕纸片的时候不要一味阻止，要尊重孩子的科学探索。

事实上，每个健康的孩子与生俱来就有一种用自己的双手反复探索并体验外界世界的本能，抓沙也好，拍打也罢，这都是孩子与环境的真实连接。他们试图通过自己双手的探索来协调大脑和身体之间的关系，发现外在的世界并构建属于自己的内在世界，而这正是每个孩子的发育过程中，最不可或缺的极为重要的认知过程。

所以，在手的敏感期，我们不应该阻止几个月的孩子玩弄手指、不让一两岁的孩子去玩沙子和水，因为这样只会破坏孩子建构程序，给孩子的认知造成混乱。

图1–6　撕纸游戏

父母应当尽量给孩子提供各种便于抓握的玩具和实物，软的、硬的、热的、冷的、方的、圆的、光滑的、粗糙的、固体的、液态的等，通过手的触摸感觉提高孩子触觉能力的发展。

但是，由于儿童急于用手感受事物，他们所感受的事物范围便扩大了许多，这时儿童和成人的冲突就扩大化了：孩子可能会把妈妈很喜欢的一条丝巾拉出来，不断地在地上拍打，去感受那种柔软的感觉；会把香蕉抓捏得稀烂，去体会那种黏糊糊的感觉；如果捏碎了一颗鸡蛋，发现这个圆圆的蛋壳里有一些黏糊糊的东西，就会在感受完第一个之后再去感受第二个……

这时候，孩子的做法和成人的价值观发生了很大的冲突，成人觉得不好玩的东西，孩子玩起来兴趣十足，并且这种玩耍可能具有破坏性。

遗憾的是，在现实生活中，我们依然还是会看到一些不会拿筷子，不会按键，不会用手指夹围棋子，不会缝纽扣，不会拴绳索的人。这往往就是因为在他们成长发育的阶段，手被束缚了，手的能力没有被释放出来。

所以，父母应该认识到：手是儿童最好的感知工具，手的活动绝非一个简单的动作，而是幼儿有目标探索世界的行为。认识到这一点，我们才能更好地理解孩子、尊重孩子，这样孩子在他们的世界里才会真正地鲜活起来。

生活环境是孩子发展手的最好舞台，同时也可以给孩子提供能动手活动的材料，如废报纸、用完的化妆品瓶子、螺丝螺母等，让孩子自主地发展手的智能。不要怕麻烦，不要怕乱，给孩子充分的自由，克服我们原有的观念最为重要。

空间敏感期（0～6岁）

——扔东西、钻桌底、躲猫猫、爬高

京京两岁了，经常推着家里的转椅冲到这边、冲到那边；在床上、沙发上爬上爬下，跳来跳去；连家里的那些角落——桌子下、椅子下、门背后，统统不放过，全要爬进去玩儿。妈妈准备打开门出去上班，突然发现锁孔里塞着一枚硬币，费尽力气拿出来后，跑去卫生间洗手，又发现洗手盆下面的角落里躺着几块小积木和一串钥匙！不用说，这又是京京的杰作！

京京的表现很正常，这是孩子的空间敏感期到了，空间知觉将得到极大发展。空间知觉是物体的形状、大小、远近、方位等空间特性在人脑中的反映。宝宝的空间敏感期是从0～6岁持续发展的，从宝宝会爬的时候就已经表现出来。当宝宝到了两岁左右，对空间的探索表现出异乎寻常的热情，运用肢体试图征服自己能到达的每一个地方。

空间探索：孩子哪儿都想去

孩子进入空间敏感期，一般会出现下面这些探索空间的行为：

喜欢扔东西。他发现物体和物体之间是分开的，是有距离的，所以会不顾妈妈的警告，而自顾自地扔东西，如果妈妈捡起来，他就再扔出去，一遍又一遍，玩得很有意思。

喜欢盖子或小孔。对于带盖子的瓶子，宝宝会不断地把盖子拿掉，再盖上。对于有孔的物品，总是喜欢拿小的东西去塞住小孔或者把小指头塞进去再拿出来。

喜欢垒高楼。除了搭积木外，宝宝还喜欢拿各种东西垒高楼，有时候甚至拿小板凳一个个地垒起来当火车头推着玩儿。

喜欢钻进不同的空间、躲猫猫。孩子常常钻到桌子底下、椅子底下、门背后玩儿，甚至钻进大衣柜里，然后让爸爸妈妈来寻找，玩躲猫猫游戏。

喜欢攀爬、旋转。对爬窗台、爬桌子、爬楼梯、爬栏杆产生浓厚兴趣。除了攀爬，孩子常常会缠着大人和他玩转圈的游戏，或者自己围着大人转圈，或者干脆自己站在地上以自己为中心转圈，直到眩晕为止，转完之后就开心地咯咯笑。

喜欢从高处往下跳。比如从沙发上、台阶上、窗台上、护栏上这些有一定高度的地方往下跳。

全面发展的空间知觉

空间敏感期的这些行为，发展的是孩子的空间知觉。空间知觉主要包括形状知觉、方位知觉、距离知觉等。

形状知觉。幼儿的形状知觉发展得很快。出生不久的婴儿已能对不同图形作出不同反应，偏爱复杂图形胜过简单图形，比如，对有条纹图形的注视时间比无条纹图形的长，对立体图形的注视时间比平面图形的长，等等；更愿注视人面图形；偏爱曲线胜过直线。通常，3岁的幼儿能区别一些几何图形，如圆形、正方形、三角形等。研究发现，4岁至4岁半是辨认几何图形正确率增长最快的时期，5岁幼儿能正确辨别各种基本的几何图形，幼儿叫出图形名称比辨认图形要晚。

方位知觉。包括辨别上、下、前、后、左、右、东、西、南、北、中的知觉。幼儿方位知觉的发展趋势是：3岁能辨别上下，4岁能辨别前后，5岁能以自身为中心辨别左右方位，6岁的幼儿虽然可以正确地辨别上下前后四个方位，但以方位的相对性来辨别左右仍感困难。因此，父母、老师在音乐、体育等活动中要用“照镜子式”的示范动作面向幼儿，如果要求幼儿伸出右脚，自己就伸出左脚来示范，否则，幼儿会顺着大人的方向，错误地伸出同侧的脚。

距离知觉。幼儿可以分清他们熟悉的物体或场所的远近，对于比较广阔的空间距离还不能正确认识。幼儿常常不懂得“近物大、远物小，近物清楚、远物模糊”等感知距离的视觉信号。因此，他们画出的物体也是远近大小不分，在图画中不善于把现实物体的距离、位置、大小等空间特性正确表现出来，不能正确判断图画中人物的远近位置，比如把图画中远处的树理解为小树，把近处的树理解为大树。

如果孩子在空间敏感期里受阻严重，这些空间知觉得不到发展，孩子以后可能会变得胆小怕事，甚至对探索不再感兴趣，也很难建立最初的自信心，而许多行为有问题的孩子，比如多动的、焦虑的、自闭的，有不少就是因为他们的探索行动被严重阻碍而造成的。

让孩子自由地认识空间世界

父母面对孩子的空间敏感期，要正面看待并积极应对。

给孩子自由，别过度限制

很多爸爸妈妈在孩子的空间敏感期到来的时候，都会限制他们的活动——不许在床上滚，不许爬楼梯，不许从台阶上往下跳……这种担心实际上过度了。国外科学家做过一个被广泛验证的“视崖实验”：几个月的婴儿在玻璃板上爬行，凡是看到玻璃板下面有在视觉上表现为低洼的部分都不会爬过去。这说明孩子对环境的把握有天然的自卫意识。所以，妈妈可以在旁边看护着；不要设置太多的限制，这不行那不行，也不要把这种危险反复说给孩子听，这会让孩子害怕、退缩，破坏孩子的自我保护能力，阻止孩子探索世界的行为。

图1-7　视崖实验

视崖是一个高出地面1米的玻璃平台，被一块木板从中间分成两个区域。在一边，将一块印有棋盘图案的布料紧贴在玻璃的下面，形成“浅区”；在另一边，一块同样的布料被平铺在玻璃下面的地板上，形成“深区”。

实验时，把婴儿放在木板上，让妈妈先后站在浅区、深区两侧召唤婴儿，观察婴儿是否拒绝从深区一边爬向母亲，从而测查他们的深度知觉。实验结果表明，6个月左右（甚至更早些）的婴儿，90%会爬过浅区，但只有不到10%愿意爬过深区。很明显，绝大多数处于爬行阶段的婴儿已经能清楚地知觉到深度，并且对悬崖表现出恐惧。

幼儿对于空间的认识，主要来自于自己的探索，所以要鼓励孩子多活动、多操作。经常在滑梯上爬上爬下的孩子，自然知道“上面”和“下面”；经常从家里去小区的孩子很快就理解了“里面”和“外面”；经常有机会外出散步、参观的孩子，也会慢慢形成关于“路线”的意识……总之，孩子喜欢这儿看看、那儿摸摸，这儿爬高、那儿跳跃，父母要给宝宝自由，尽量让他去探索，把这种“好动”作为引导孩子探索空间的机会，而不要为了保证孩子的安全而因噎废食，限制孩子的活动。

在生活中培养孩子的空间感

比如，让孩子把拖鞋放在“鞋架上”；把玩具放在“箱子里”；把杯子放到“桌子上”；告诉孩子他拿筷子、拿笔的是右手；路上让孩子“看看谁在你的后面”“看看谁在你的前面”；带孩子散步、上幼儿园时，有意识地教孩子认路，记住路边明显的标志性建筑……

提供能发展孩子空间感的物品

一些可以扔或可以垒高的材料，能帮助孩子完成空间探索。扔的材料包括皮球、珠子、沙包、飞盘等，垒高的材料包括积木、塑料瓶、盒子等。让孩子在扔、接和垒高中，发展空间智能。

父母和孩子一起玩“空间游戏”

◎**摸五官**　“鼻子在嘴巴的上面还是下面？”“舌头在嘴巴的里面还是外面？”“耳朵在什么地方？”……这些可以让孩子认识五官各自的位置和位置关系。

◎**搭积木、拼图**　这是很普通的游戏，每个孩子都玩过，也都会玩儿。孩子在玩结构游戏时，必须选择不同形状、大小、长短、粗细、宽窄的积木，必须知道上下、中间、旁边等方位，这样才能建成他想要的楼房、亭子和大桥。在玩拼图游戏时，必须看懂各个图片之间的空间关系，知道动物的脑袋在身体的什么位置，尾巴在身体的什么位置，才能完成拼图任务。父母在指导孩子玩这些游戏时，也要使用明确的方位名词，以提高孩子的空间认识能力。

◎**翻山越岭**　在床上、沙发上、地板上放一些枕头、抱枕、绒布玩具，让孩子尝试用各种方法翻越过去。爸爸妈妈还可以和孩子一起设计一些故事情节增加游戏难度，这样既可以发挥孩子的想象力，又可以锻炼孩子的空间感。

◎**床单做帐篷**　把床单、毛毯等展开，妈妈和孩子一起钻到床单下面，妈妈用手顶住床单，和宝宝一起在床单下感受黑暗和空间受限制的感觉。

◎**人力小推车**　让孩子趴在地上，妈妈抬起孩子的双脚，让孩子双手支撑着往前爬。还可以加大一些难度，比如转弯和爬坡，以增加游戏的乐趣。

时间敏感期（2~12岁）

——“我明天去过奶奶家了。”

幼儿很难理解“时间”是什么

时间知觉是对客观现象的延续性、顺序性和速度的反映。

3岁前，孩子主要以“生物钟”等人体内部的生理状态来反映时间，如到点感到饿，就想要吃。3～6岁孩子逐渐能够以外界事物作为时间的标尺。

3～4岁，孩子已有了一些初步的时间概念，但往往和他们具体的生活活动相联系。比如，他们理解的“早晨”就是起床、上幼儿园的时候，“下午”则是妈妈来幼儿园接自己回家的时候。有时也会用一些带有相对性的时间概念，如“昨天”“明天”，但往往用错，比如孩子会说“我明天去过奶奶家了”。一般地说，他们只懂得现在，不理解过去和将来。

4～5岁，孩子可以正确理解“昨天”“今天”“明天”，也能运用“早晨”“晚上”等词，但是对较远的时间，如“前天”“后天”等还不能了解。

图1-8　时间知觉

5～6岁，孩子开始能辨别“大前天”“前天”“后天”“大后天”，分清上午、下午，知道今天是星期几，知道春、夏、秋、冬。能学会看钟表，但对更短的或更远的时间单位，如几分钟、几个月就难以分清了。6岁孩子还不能真正了解“一分钟”“一小时”或“一个月”的意义。

大部分孩子正确了解一日之内的时间顺序要到5～6岁；孩子对一日延伸（明早、明晚）的时序认知能力比认知当天的时序差；有大约一半的6岁孩子能认识一日之内时序的相对性，且6～7岁是这一认识发展的飞跃时期，对一周时序的掌握也要到5～6岁；对一年四季时序的认知，7岁孩子有较大的发展，且这种认知能力明显地受经验影响；幼儿对跨周、跨年的时序延伸认知能力很低，7～8岁时才迅速发展。

在生活中，孩子一般从3岁左右开始运用时间词语。起初是使用不严格的时间词语，如“刚才”“后来”等；然后是使用比较细化的时间词语，如“很早以前”“昨天”“早上”“晚上”等；进而是使用一些有联系的时间词语，如“年”“月”“日”“星期”等。到6岁，开始能使用一定的钟表言语，如“小时”“分”“秒”等。

进入幼儿园，能促进幼儿时间知觉的发展。幼儿知道早上按要求到幼儿园；星期六、星期天不上幼儿园等。但幼儿时间知觉的发展水平比较低，原因是时间知觉没有直观的物体供大脑去直接感知，不像空间知觉那样，有具体的依据。另外，表示时间的词又往往具有相对性，这对于思维能力尚未发展完善的幼儿来说是较难掌握的。

幼儿在认识时间时，还常与空间关系混淆。心理学家做过一个实验，给学龄前孩子看桌子上放着的两个机械蜗牛，实验者让这两只蜗牛同时启动爬行，其中一只爬得快，另一只爬得慢。当爬得快的那只蜗牛停止时，慢的还在爬，且到停止时也没有赶上快的那只蜗牛。这时测验发现，大部分幼儿都说爬得慢的蜗牛先停止，因为它走的距离短。这表明幼儿在反应时间时常常把时间与空间相混淆，用空间概念来代替时间观念。

研究者认为，7岁可能是孩子时间观念发生质变的年龄。

小学生通过教学对时间的认知能力很快发展起来，小学生最先掌握的时间单位是“一节课”，而后是“一天”“一周”。三年级以后能理解“月”的意义以及“天”“周”与“月”的关系。可见，小学生的时间观念仍然和生活有关系。对于距生活较远的时间概念仍难以理解，要到孩子能通过联想和计算来理解时间的能力发展起来以后，才可能正确把握。

如何培养孩子的时间概念

幼儿对时间的理解存在着很大的困难。父母感觉最难向孩子解释清楚的就是时间的概念。在掌握了幼儿时间认知的规律后，根据孩子的心理特点进行教育，能收到事半功倍的效果。具体建议包括：

用具体时间代替时间。比如“1点钟去超市”，告诉孩子“吃完午饭我们就去超市”，“昨天”就是“去爷爷家的那天”；“明年”就是“要上中班的那年”……这样能更容易让孩子接受。

利用典型事件，把抽象的时间概念变成具体的事件。例如：“早上”就是太阳升起来，孩子要上幼儿园的时间；“冬天”就是很冷很冷，下雪，大家穿很厚衣服的时候；“昨天”就是晚上睡觉之前的那天……这样可以帮助孩子认识时间概念。

制定时间表，使孩子的生活作息有规律。比如吃早饭、上幼儿园、放学、吃晚饭、洗澡、讲故事、睡觉等具体事情，都按照规律进行，以培养孩子的时间意识。

对孩子提出时间要求。早上穿衣服的时候，拿出手表，对孩子说：“我们看看谁能在3分钟内把衣服穿好。”洗澡前提醒孩子收拾玩具，要求他：“5分钟之后你要洗澡了。”通过这样的锻炼，不仅可以使孩子认识到时间的长短，而且还能培养孩子惜时、守时的观念。

Part 2

注意力
——孩子内心世界的第一扇门

注意是人的心理活动对事物的指向和集中。当孩子在听妈妈讲故事时，他的心理活动就“指向”故事，妈妈讲到哪儿，他就跟到哪儿；如果把精神都“集中”到听故事这件事上来，听得很入神，他就不会去注意别的事物，有时周围发生了别的事，他也不会觉察到，这样就能“视而不见，充耳不闻”了。这就是注意的两个基本特征——指向性和集中性。注意力就是人的心理活动指向和集中于某种事物的能力。

幼儿注意水平直接决定幼儿发展水平。注意与感知、记忆、想象、思维等密切相关。俄国教育家乌申斯基曾把注意力比喻为“一扇门”，凡是外界进入心灵的东西都要通过它。如果这扇门半开半闭或者关闭着，外界的东西只能进来一部分或者一点儿都进不来。所以，加强婴幼儿注意力的培养，对孩子一生的发展将起到事半功倍的效果。

孩子专心做一件事可以保持多长时间

——注意力的集中

“注意”这个词在生活中被经常使用。一个小女孩，当她发现一件很漂亮的玩具时，她就会把头转向这个玩具，用眼睛盯着这个玩具看。这时我们就说这个小女孩正在注意这个玩具。

婴儿一生下来就有了注意。新鲜多变的事物，非常容易引起婴幼儿的注意；同时，婴幼儿的注意很容易就受到其他新鲜刺激而发生转移。婴幼儿对于有趣生动的对象可以较长时间地注意，但对乏味枯燥的对象则难以持久注意。

这是因为孩子的注意都是被动的，只有新奇的、令他们感兴趣的东西才能吸引孩子，而且他们控制注意的能力较弱。这些事先没有预定目的，也不需要意志努力的注意被称为“无意注意”。还有一类注意属于“有意注意”，是指那些有预定目的，需要一定抑制努力的注意。婴幼儿注意的发展特征是由无意注意占优势地位逐渐向有意注意发展。

3岁以前，婴幼儿的注意基本上是无意注意，凡是鲜明、直观、生动具体、突然变化的刺激物都能引起婴幼儿的无意注意。

比如，你正在给几个孩子讲故事，忽然一个人推门进来，孩子们都不由自主地转过头去看他。你正和孩子在公园里欣赏桃花，这时天上飞过一架飞机，孩子便兴高采烈地喊着“飞机、飞机”，哪还管桃花几个瓣呢。

一声巨响，一道强光，一种鲜艳的颜色，晚上的霓虹灯，鹤立鸡群，万绿丛中一点红，斑马线……这些引起的注意都是无意注意。无意注意是被动的，只有新奇的、令孩子感兴趣的东西才能吸引他们，而且他们控制注意的能力较弱。

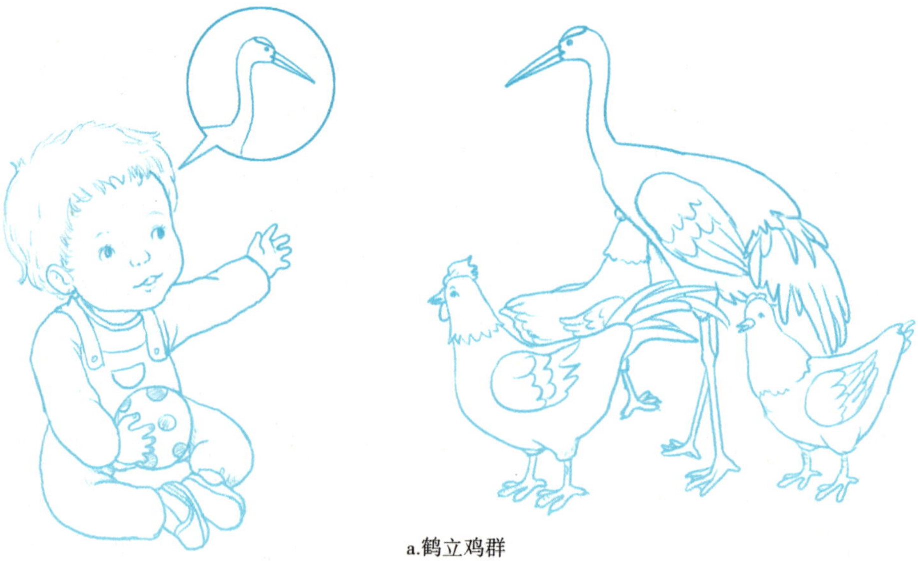

a.鹤立鸡群

b.汽车鸣笛

图2-1　无意注意

总而言之，3岁前的婴幼儿，注意水平很低，以无意注意为主，注意的时间也不能太长，经常变换注意的对象。但是此时的婴幼儿已经出现了有意注意的萌芽，这个阶段是由无意注意向有意注意发展的关键时期，只是这时的有意注意还很容易受到无关刺激的干扰。

3岁以后，幼儿的无意注意发展到很高的水平，大千世界中的虫鱼鸟兽以及事物的变化、人的活动和言语交流等都是他们注意的对象。

3～4岁幼儿无意注意的稳定性还比较差，易变化对象，持久性也较差。到了5～6岁，幼儿的无意注意就比较稳定了，特别是在感兴趣的活动上，心理活动能十分稳定地进行，可以达到很长的时间。比如有的幼儿对蚂蚁感兴趣，可以长时间趴在地上观察蚂蚁如何搬运东西。

3岁以后，幼儿逐步发展有意注意。有意注意是由脑的高级部位，特别是额叶控制的。额叶的发展比脑的其他部位迟缓，幼儿期额叶的发展为有意注意的发展准备了条件。有了这个条件，幼儿的有意注意在成人的要求和教育下就会逐渐发展起来。但额叶还没有成熟，因此幼儿的有意注意水平还较低。

一般情况下，不同年龄的幼儿，其有意注意的表现是不一样的，年龄越大，有意注意的能力越强。

3～5岁幼儿开始能根据成人的要求，把自己的注意投向应该注意的对象，但很难维持自己的活动；5岁以后的幼儿，能够按照成人的要求，主动自觉地把注意集中于那些他们并不感兴趣的活动中，而且能做到尽力保持自己的注意，以完成活动。

无论是无意注意还是有意注意，大年龄幼儿都比小年龄幼儿更能维持注意。研究发现，6岁女孩可稳定注意长达15分钟，6岁男孩为10分钟。5岁以前，女孩的注意稳定性明显优于男孩；但是男孩的发展比女孩快，到6岁时这种差异仍然存在，只是没有5岁前的差异明显。

父母在参观幼儿园时会发现，老师每隔十几分钟就换一个新的课堂活动。这就是因为幼儿不能长时间地把注意力集中在某一项活动上。即使是做自己喜欢的事情，也很难保持很长时间，如玩玩具，三四岁的幼儿也会东张西望，玩不了多久就会跑开。在成人看来，这些可能就是宝宝注意不集中的表现。但是，年龄大的学龄期儿童则不会这样，他们能够坚持做一件事的时间会更长一些。

所以，幼儿不能安静地坐着听故事，不能坚持亲子共读，做一件事情超过几分钟就想干点儿别的事，起来动一动，这是非常正常的现象，请不要轻易给孩子贴上“注意力不集中”的标签。

a.3～4岁，有意注意的时间为3～5分钟

b.4～5岁，有意注意的时间为5～10分钟

c.5～6岁，有意注意的时间为10～15分钟

图2-2　有意注意的持续时间

爱动，是多动症吗

——多动症的特征

欣欣妈妈在家教论坛里留言说：我女儿欣欣4岁了，经常在家爬来爬去，一刻也不停……别人家的孩子好像都很乖的样子。欣欣注意力持续得很短，最多10分钟，10分钟再教她学东西，就开始溜号了。我家孩子喜欢动，请问是不是多动症呢？多动症有什么特征？

父母常常抱怨孩子注意力不集中，甚至怀疑是多动症。这要分两种情况来看：

第一种情况是孩子的年龄特点决定的，天性好动。孩子的注意力不像成人那样能维持较长时间。但父母往往对孩子要求偏高，这对孩子来说是很困难的。前面讲过，3～6岁孩子的无意注意仍占优势，有意注意逐渐发展。3岁左右的孩子，注意力不超过5分钟；4～5岁的孩子，注意力不超过10分钟；6岁左右的孩子，注意力不超过15分钟。当然这是平均值，如果对某些事物和活动感兴趣，孩子的注意集中时间会大大超过这个平均值。

第二种情况是孩子真正患有“多动症”，它的专业术语叫“注意力缺陷多动障碍”，这类孩子很难集中注意于某项任务。

现实中，绝大多数孩子属于第一种情况，属于天性好动；只有很少数的孩子属于第二种情况，比如在学龄期（小学阶段）只有3%～5%的孩子被诊断为多动症，其中大部分都是男孩子。

那么，父母该如何初步区别孩子是天性好动还是可能患有多动症呢?

科学研究和实践观察发现，多动症在不同年龄段会表现出不同的症状。

婴幼儿期：出生后1个月到3岁。满月后，与一般婴儿比较，多动症患儿显得更为活泼好动，如常将包布蹬掉，容易被激惹，过分哭吵。到会爬时，常爬出围栏，经常从摇篮翻出摔倒。到学步时，不好好走，迫不及待地欲往前奔跑，不愿大人抱，不愿牵着走，喜欢摔打玩具，干扰大人说话，不听大人的话，较易发生磕磕碰碰或摔伤。父母抚养这种孩子感到特别累。

学龄前期：3～6岁，属于儿童多动症的初发期。突出的症状包括，做每件事都不够专注；不能专心于谈话；看不进去书；无法静坐，在房里跑来跑去；经常不顾危险地攀高；喧闹；爱发脾气、好顶嘴、固执、倔强、霸道；招惹同伴；有攻击和破坏行为；对小动物残忍；参加集体活动困难，等等。

学龄期：从小学起到青春期开始（12岁左右），属于儿童多动症症状最明显的时期。儿童多动症的发病率一般都是在这个时期统计出来的。突出的症状有，上课学不进去，经常完不成作业，学习上越来越困难；忍受挫折力差；对刺激反应过强；与同伴相处困难；易于冲动，等等。

青春期：约从12岁开始到18岁。大约有48%的儿童多动症表现会持续到青春期。突出的症状是，学业积重难返，多门功课不及格；做事有头无尾；谈话过程常常心不在焉；多嘴多舌；对不愉快的刺激反映过度，常打人骂人；不服从管教；等等。

成年期：分心；坐立不安；与同事、朋友的关系难以长久相处；酗酒；易发脾气；冲动；常与人争斗，违法犯罪的比例明显高于普通人群；等等。

从上面的描述可以看出，儿童多动症起病于3～7岁；在学龄期真正被诊断为多动症的儿童仅占学龄儿童总数的3%～5%；这其中约一半患儿的症状会在青春期到来之前消失，另一半会持续到青春期。

断定孩子患多动症，我们还需要注意：多动症的症状必须在7岁前持续至少6个月以上，在各个场合都很明显，而且比在同龄同性别孩子身上的表现更加明显。多动症孩子注意分散现象非常严重，只有在成人的严格要求下和不断督促中，他们才能稍有注意进行各项活动。

注意力不集中与多动症，有许多相同的表现，但区别也比较明显，各自的一些特点见下表：

表2–1　注意力不集中与多动症的比较

注意力不集中	多动症
◎在学校学习不专注 ◎不能集中精神 ◎听人说话时心不在焉 ◎做事缺乏条理 ◎不愿意做耗费时间和精力的事情 ◎丢三落四 ◎注意力很容易分散 ◎容易忘事	◎身体总是扭来扭去，坐立不安 ◎坐不住 ◎非常容易兴奋 ◎缺乏耐心 ◎无法控制自己的精力 ◎打断别人说话 ◎不能等着轮到自己

父母和老师对于“好动”的儿童十分担心，心情可以理解；但如果轻率地断定是孩子患了多动症，却是非常不恰当的。一个孩子是否患有多动症，仅凭特征描述和个人经验是难以正确断定的。这种病症只有到正规专业机构，通过专门的检查——从生活史、临床观察、神经系统检查、心理测验等方面进行综合分析、判断——才能被确诊。父母既不能轻率地把孩子的爱动、多动现象归为多动症，也不能忽视孩子注意的不稳定现象。

多动症孩子的智力水平往往并不低下，只是由于注意过分分散，集中困难，以致严重影响了学习成绩和以后的发展。

多动症的发病原因到现在尚不清楚。目前，西医倾向于认为与遗传因素、脑神经递质代谢、轻微脑组织损伤、环境因素、心理因素、社会因素等有关；中医则认为属于先天禀赋不足、后天失养所致，但至今没有定论。

大部分多动症儿童是通过服用兴奋性药物如利他林来治疗的。除此之外，还有采用集体治疗、对父母进行教育以及训练孩子思维能力等一些方法。这些方法都能够起到一定的效果。

若自己的孩子患有多动症，家长请遵循以下原则：

斥责孩子不好的行为时，必须给予简单明了的指示；但当他遵守指示时，不要忘记给予奖励。

若孩子遵守指示，不要放弃他，要知道他就是不想做你让他做的事。但是，作为孩子的父母，要知道什么对他是最好的，所以应该给他明确的指示来教育他，这样下去他才会听你的话。

在建立规则时，必须考虑孩子发展的特点。例如，3岁的孩子无法控制自己触摸东西的冲动。因此，应该将容易碎的东西移走，放到孩子够不着的地方，而不是要求孩子不要去摸它。

避免不必要的规矩。

建议用倒数的方式让他了解不可以做的事，并做父母要求的事。例如，可以告诉他："现在来整理你的房间，5、4、3、2、1，开始！"

安排外出以消耗孩子过多的能量，户外运动是很好的发泄机会。

保持家中良好的组织性，居家的习惯可帮助孩子接受秩序。

孩子需要大人作为控制和安静的模范。大人必须要用一个友好的声调来训练他。若你大吼大叫，孩子马上就会学起来。

不要期待老师能够改变他，父母绝不要服输，认为孩子无可救药了。父母要让孩子感到在家里是被爱和被接受的。

在某些情况下，药物是有效的。服用方法要遵医嘱。

孩子注意力分散

——父母要做的6方面反思

贝贝3岁，刚上幼儿园。老师反映他注意力不集中。偶尔能集中一会儿，过一会儿又不知想什么了。贝贝从小就不能较长时间地玩一种玩具，总是这件事还没有做完就做另外的一件事，其他方面都比较正常。贝贝妈很担心他有注意力不集中的问题。

许多父母担心自己的孩子“注意力不集中”。这其中有很大一部分是过于担心，因为他们不清楚不同年龄的孩子注意力到底能维持多长时间。

幼儿注意力集中的时间一般都不长，具体为：3岁左右，不超过5分钟；4～5岁，不超过10分钟；6岁左右，不超过15分钟。掌握了这个标准，不少父母的担忧会减轻或消除。

如果幼儿真的存在注意力水平太低的情况，父母要了解：幼儿注意力受哪些因素决定，哪些方面存在问题，如何应对以提高幼儿注意力水平。

幼儿注意力的形成和水平与先天的遗传等生理条件有一定关系。比如视觉感不良的宝宝，对看图、看书缺乏兴趣，容易疲劳，模仿极其简单的线条图画也有困难。再如，如果幼儿身体不舒服，或者因为睡眠不足、活动量过大而疲劳，也会精力不足，注意分散。

但是，后天的环境与教育对幼儿注意力的影响更为重要。父母可以观察孩子的生活、学习环境，反思自己的教育方式，从中发现问题并进行改善。

反思1：多干扰的环境，孩子总被“打搅”

幼儿以无意注意为主，一切新奇多变的事物都能吸引他们，干扰他们正在进行的活动。如果家里总有人进进出出，聊天、聚会不断，喧闹嘈杂，孩子的注意就难以集中。而生活环境过于封闭，将孩子局限在一个狭小的空间里，孩子就没有同龄伙伴，没有模仿对象，对爸爸妈妈的依赖性特别强，长期缺乏活动。这两种环境都会使宝宝的感觉系统不能得到很好的锻炼和发展，影响注意力的集中。

所以，为孩子创造一个井然有序、安静舒适的成长环境是很有必要的。比如：孩子在安静地游戏、看故事书、画画的时候，父母小声说话，不看电视或者把电视的声音调小；也不必把孩子的房间布置得五颜六色，堆满各种玩具，房间布置得舒适、温馨就好。

a.喧闹嘈杂

b.安静舒适

图2-3　成长环境别小瞧

反思2：不当的教养方式，孩子受到“伤害”

父母的教养方式不当，对孩子过分娇宠和纵容，一味顺着孩子，孩子想做什么就做什么，加剧了孩子注意力的分散。

有些父母对同一件事情或某一点要求总要反复交代，久而久之，孩子便习惯于一件事要反复地听好多遍，才能记住。这样的孩子入学以后，听课会漫不经心，以为老师也会像父母那样重复地讲。

有些父母总是一次性给孩子提出多重要求，或者刻意干预孩子的活动，这也容易使宝宝的注意力难以集中。

a.多重要求

b.单一要求

图2-4　教养方式要得当

反思3：让孩子做不感兴趣的事，孩子只想“躲避”

父母经常要求孩子做不感兴趣的事情，孩子也会通过不断变换活动来回避问题、逃避责骂。这给父母的感觉就是孩子注意力不集中。兴趣对于培养幼儿的注意力非常重要。

a.索然无味

b.兴趣盎然

图2-5　兴趣的重要性

反思4：提供过多的玩具，孩子会被“淹没”

一位妈妈说：“我的宝宝现在7个月大了。我发现他玩起玩具来没什么耐性，一大堆玩具都是左扔一个右扔一个，不能专注地玩一个玩具。怎样才能让他专心地玩玩具呢？那些可是我精心挑选适合他发展的玩具啊。”

一次提供过多的玩具或图书，把孩子“埋”在玩具堆、书堆中，父母如不加以指导，由于选择性太多，孩子一般都会在玩这件玩具的同时惦记着那件玩具，不断地换玩具，或者一本书一本书地乱翻，最后眼花缭乱，无法静下心来，分散了注意力，久而久之容易形成浮躁、注意力涣散的习惯。

父母应该掌握这样一些原则：一次只给孩子一两件玩具；每次可以提供不同类型的玩具以提高孩子的新鲜感，如积木有木头的、塑料的、泡沫的，只取一种材质就好；新买的玩具不要一次全部拿给孩子。

父母应该陪孩子一起玩儿。当孩子的注意力非常集中时，父母在一旁陪伴就好；当孩子发生困难，应给予适当帮助。一般在解决问题后，孩子会更加兴致勃勃地玩同一个玩具，这样就可以强化注意力的持续时间。

父母不能光买玩具，还要学会打理玩具。可以把玩具适当分类。有些玩具暂时收藏起来，过一段时间再拿出来，这样孩子会对“藏”了一段时间的玩具有新鲜感，能专心地玩儿。

a.把孩子“埋”在玩具堆中

b.一次只提供一两件玩具

图2-6　提供玩具有原则

反思5：活动太难或太易，孩子只有“放弃”

经常可以看见这样的情景：如果孩子自己选择了一样玩具，这表明他喜欢这件玩具，但玩不了两下，就不玩了。这可能是因为玩具太难了，孩子玩不了，或者是因为太简单了，孩子觉得没新意。这时父母可以试着介入，引导孩子继续玩下去。玩具太难了，降低一下难度，力求让孩子“跳一跳能够得着”。玩具太简单，就变换一下玩法，让孩子喜欢上它。

例如，两岁孩子开始用塑料安全剪剪纸条时，还不能独自完成，试了几下就想放弃。这时，旁边的父母可以用两只手展开纸条，让孩子来剪，这样孩子从原来一手拿纸条一手拿剪刀的双手配合到只需要拿剪刀剪，动作难度降低了，这样就能剪了，而且会越剪越好，自信心也越来越强。

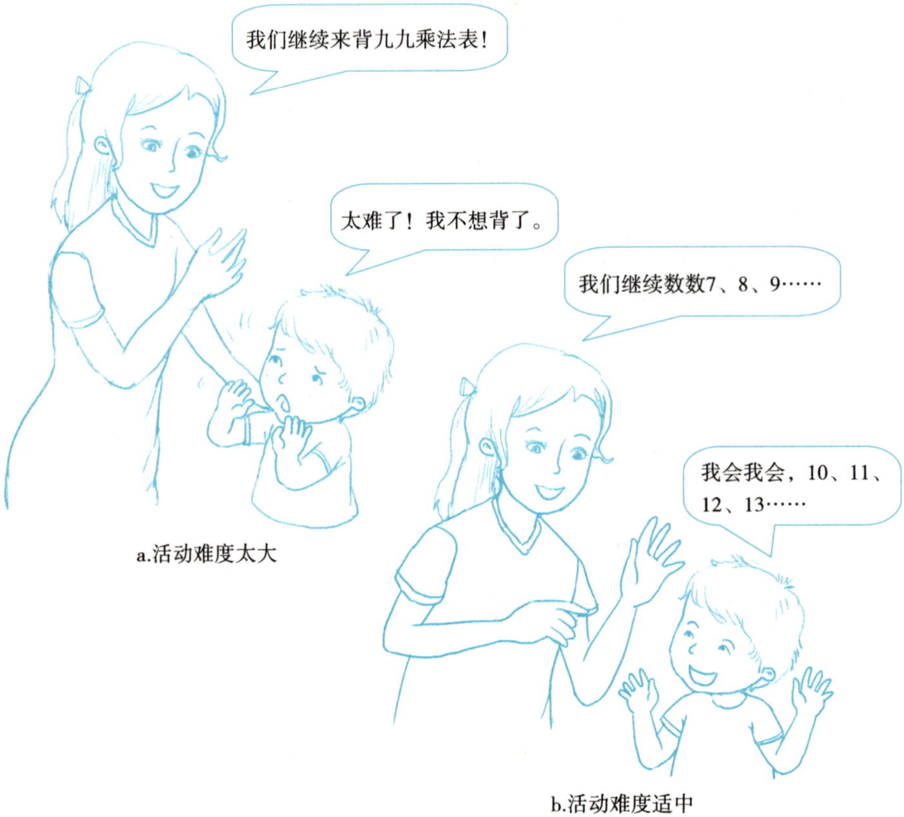

a.活动难度太大

b.活动难度适中

图2-7 正确把握难易度

任何超出孩子能力范围的事情都会令他很快放弃，转而去关注其他东西。一位父亲给两岁的儿子买了一个电动小汽车，儿子在上面玩了一会儿就再也不玩了。对于这个小男孩来说，把脚放到踏板上，并发动引擎，太难了。所以，即使玩具说明书上说这款玩具适合所有学龄前儿童，父母最好也要根据实际情况来判断是否适合自己的孩子。

反思6：方式不灵活，孩子很“无聊”

方法单一、乏味、不灵活，也会使孩子不能集中注意力。

直观的、活动的、新颖的，如多媒体、外出参观、参与表演、游戏等生动活泼、具体形象的途径和方法，才能吸引孩子的注意。比如，讲故事时可以结合美丽的图片、优美的音乐、好玩的游戏和角色表演。

a.单调乏味的教育方式

b.生动活泼的引导方式

图2-8　灵活引导才有效

积极的智力活动和实际的操作活动有利于保持注意力，因而能增强注意的目的性，变被动为主动。比如，画画时可以到院子里去观察，也可以欣赏别人的作品。

动静结合能预防长时间从事单一活动所容易引起的疲劳。小孩子不可能老坐着玩儿。让孩子玩一会儿拼图，然后起来和妈妈一起到外面跑跑跳跳，回来再做其他静态活动。这样的动静结合，可以延长每个活动的注意时间，培养注意力。另外，通过安静的活动可以训练孩子的注意力。比如做手工或画画时，要求孩子保持安静，不能说话，不能走动，这样可以逐渐提高孩子的自控能力。

看电视

——要么开发智力，要么扼杀注意力

宁宁1岁半，很喜欢看电视，只要打开电视就停不下来，看了还要看。要是把电视关掉，他就会又哭又闹。现在他每天要看两三个小时的电视，而且什么电视节目都看，尤其喜欢看广告。妈妈想知道：宁宁可以看电视吗？应该挑选些什么节目给他看呢？

电视节目色彩鲜艳、画面生动，能引起孩子极大的兴趣，所以一般孩子都喜欢看电视。对于婴幼儿来说，短时间观看一些少儿节目对智力开发有帮助，长时间看电视却有很大的危害。

美国一项全国性研究发现，婴幼儿在1～3岁时看电视的时间越长，7岁时出现注意力问题的可能性越大。每天至少看3小时电视的孩子，在6岁时的认知测验中得分偏低。

研究显示，人在看电视时的脑电波和睡眠时的脑电波非常接近。看电视时，电视画面投射到情感区，受众对信息的接收是被动的，没有控制权，因此导致大脑和身体进入消极、松懈的状态。电视看多了，幼儿会习惯于充满声光影的被动刺激，严重影响注意力的集中。除此之外，还会造成视力损

伤、心律失常、自闭症等问题，对大脑和身体正处于快速发育期的幼儿非常不利。

0～2岁婴幼儿尽量不要看电视，年龄越小，越要少看；若要看，每天不超过20～40分钟，每次不超过2～10分钟。2～4岁幼儿每天不要超过1小时，每次不超过20分钟。4～6岁幼儿每天不要超过2小时，每次不要超过45分钟。

为了不让幼儿长时间看电视，父母可以做好以下三点：

首先，丰富孩子的活动。如果父母希望孩子减少看电视的时间，首先要丰富他的各种活动，用更有趣、更有利于孩子身心发展的活动吸引孩子。比如，父母多陪孩子玩儿，让孩子和其他小朋友玩儿，带孩子出去进行体育锻炼，等等。让电视仅仅成为向孩子提供知识、信息和娱乐的一种工具。

其次，帮助孩子合理安排时间。在安排孩子看电视的时间上有这样几个法则可以遵循：优先安排户外活动，预留出足够的时间做其他重要事情、进行控制。

再次，父母做好少看电视的榜样。对于定好的时间表，父母要做出表率作用，电视看完后最好马上离开电视机，去做别的事情。如果让孩子去干别的事，而自己还靠在沙发上懒得动，拿着遥控器换到其他频道看起来没完没了，孩子会怎么想、怎么做呢?

在上述前提下，父母可以根据孩子年龄大小，安排孩子看一定时间的电视。要注意纠正孩子看电视的不正确动作，否则会影响孩子的身心健康。以下八忌，父母不可不留意：

忌时间过长。具体时间长短见上文。

忌距离过近。看电视时，孩子与电视机之间的距离以2.5米～4米为宜。

忌光线过暗。晚上看电视时不要把照明灯都关闭。

忌孩子躺着看电视。否则会引起视力下降，导致眼睛散光等疾病。

忌音量过高。长时间处在较高音量的刺激下，容易使听觉的敏感性降低。

忌坐姿不正。坐姿不正容易使孩子未定型的脊柱发生变形与弯曲。

忌边吃边看。否则容易加重孩子的消化负担，影响消化功能；长期如此，还易养成吃零食的习惯。

忌看过于刺激的节目。否则容易使孩子处于紧张恐惧的状态，甚至进行模仿，严重影响孩子的身心健康。

兴趣

——培养超强注意力的法宝

在孩子成长的过程中，出于自身需要而产生的兴趣，是最有驱动力的。我们会发现，即使很小的孩子，如果遇到自己感兴趣的事情，也会非常专注、不折不挠地持续去做。这就是注意的选择性，正是这种选择性使孩子对自己感兴趣的事物能够集中注意力，较少受外界干扰。

幼儿对活动缺乏持久的兴趣，对自己感兴趣的活动有一定的注意，对不感兴趣的活动则表现出明显的注意力不集中。这种兴趣的来源有两个：首先是幼儿自身的积极情感和天然兴趣，如好奇、探索等；其次是教育的实施者——父母，父母可利用各种方法来培养幼儿的兴趣。

不同年龄段婴幼儿的天然兴趣，如注意力偏好、成长敏感期等是不同的。父母若能发现这些天然兴趣并因势利导，将大大提高幼儿的注意力水平。

0～1岁孩子的兴趣点

孩子更喜欢复杂的图案而不是简单的图案；更喜欢立体物体而不是平面

二维物体；更喜欢移动的物体而不是静止的物体；更喜欢人脸；注意力更多表现在够物、抓握、操作和运动方面（如手的敏感期）。

孩子喜欢用口去探索。一般在0～1岁出现。不停地用嘴去探索、去寻找，抓起什么都往嘴里放，用口感觉事物、认识事物。父母可以准备一些能让孩子咬的玩具，洗干净，给孩子玩儿。这个过程不要去阻止他，孩子专注于咬东西，既是在探索这个世界，也有利于注意的集中。

孩子进入手的敏感期。0～2岁是最集中和最典型的时期，主要表现为抓、捏、扔、摁、拉等。父母应该准许孩子去抓他认为喜欢的东西，准许孩子去捏他认为合适的东西，只要没有危险就可以。正是在这种用手的探索中，孩子发现外在的世界并建够自己内在的世界，而且悄悄地提升了注意力。

1～3岁孩子的兴趣点

孩子已经能较长时间注意一个物体。比如，专心地玩一件自己喜欢的玩具。能有目的地注意某件事，比如注意听妈妈说话，特别留心注意小伙伴的动静。注意开始受到成人的影响，能按照成人的要求完成一定的活动，比如寻找某件东西。这是注意力培养的良好开端。

对一切有空间感的地方和事物都好奇。孩子在这个阶段喜欢在客厅爬来爬去；爱玩弹球；喜欢撒豆子，看着豆子“啪啪啪”滚得到处都是就格外兴奋；喜欢搭积木，把积木、沙发垫、饮料罐等物品一个一个往上摞，好不容易垒放好了，又推倒，再一遍遍地重来，很是投入……孩子对于这些活动非常感兴趣，做起来相当投入，父母不要嫌孩子“好动”，不要嫌屋子被搞得乱七八糟，不要阻止、打扰孩子，要多提供类似的玩具，甚至和孩子一起玩，这是培养孩子注意力的绝佳时机。同时，在这个过程中孩子有机会学习各种几何图形，为日后学习数学奠定了兴趣基础。

对细微事物特别着迷。这一特点从1岁到1岁半开始，持续到4岁，这是孩子的细微事物敏感期，对一些细小的东西会产生浓厚的兴趣。小线头、小纸屑、头发丝这些在父母看来完全是垃圾的东西，却被孩子当成宝贝，爱不释手；捡拾发黑的烟头；玩耍沾满泥巴的小石子；不厌其烦地去抠地上那些小孔、小洞……这时候很多父母第一反应是要阻止孩子，毕竟那些东西看起来很脏，甚至会给孩子带来危险。不过，在孩子看来，这些都是值得聚精会神去做的“工作”。父母直接打扰、阻止、训斥孩子，恰恰破坏了培养孩子专注力、观察力的绝好机会。正确的方法是多带孩子走进大自然，让孩子亲身体会并观察事物，利用孩子细微事物敏感期的兴趣和行为轻松培养孩子的注意力。

3～6岁孩子的兴趣点

孩子已经形成对某一事物的兴趣爱好。比如，有的孩子对动物感兴趣，甚至可以长时间趴在地上观察蚂蚁是如何搬运东西的。这类兴趣使自己的注意力高度集中，不容易受到干扰，可以使注意力维持相当长的时间。

图2-9　孩子对小动物的兴趣

对色彩有天然兴趣。3～4岁，孩子开始在生活中不断寻找不同的色彩，之后进入绘画敏感期。孩子喜欢触摸各种颜料，喜欢用笔和颜料画出线条和色彩。开始自己选择玩具的颜色，挑拣衣服的花色。建议父母给孩子提供各种绘本和多彩的颜料，为孩子日后绘画奠定基础；不要觉得孩子涂的、画的东西没有章法、太幼稚，要拒绝模式化，去鼓励、赞美孩子有个性的想象力和大胆率真的表达；等等。

喜欢剪、贴、涂。3～4岁，孩子开始真正有意识地使用工具，非常乐意进行剪、贴、涂这些工作。从身体发展的角度来看，这也是孩子训练小手肌肉和手眼协调的一项重要工作。父母要做的，就是给孩子提供所需的材料，并尽量不要打扰专心工作的孩子。因为在剪、贴、涂的过程中，孩子的注意力得到了大大的提高。

其他方面的发展敏感期。比如，音乐敏感期、书写敏感期、审美敏感期、人际关系敏感期等。孩子会表现出对特定方面的浓厚兴趣。父母宜顺水推舟，让孩子去做他感兴趣的事，在这个过程中不仅培养了孩子的注意力，而且促进了孩子身心的全面发展。

注意力游戏

——越玩越专注

游戏是儿童最喜欢的活动。通过和孩子一起玩游戏，父母可以充分调动孩子的听、看、说、做等多方面的积极性，游戏是提高幼儿注意力的最佳方法。

游戏，可以比赛，也可以陪玩，重在大人的参与，贵在坚持。在训练次数的安排及学习材料的内容方面应遵循的原则是：从小到大、从短到长、从少到多、从易到难。以下是一些常见的注意力训练游戏，供父母参考，可以举一反三。

◎**戴帽子** 找笔帽与笔杆相同材质的毛笔、钢笔、圆珠笔等，将笔杆和笔帽分别摆放，让孩子自己找笔帽，给这些笔“戴帽子”。如果是几支相同的笔，比如毛笔，粗细区分要明显。这是一个配对游戏，也可用盖瓶盖等来代替，当然，瓶盖的大小也要区分明显。

◎**找相同** 准备一堆三种颜色的三角形积木，家长拿出一块，让孩子找出相同颜色的积木；或者一堆三种形状的同色积木，家长拿出一块，让孩子找出相同形状的积木。当孩子能够掌握颜色和形状概念时，可以提高难度，让他找出相同颜色和形状的积木。

从观察事物单一特性到双重特性，需要一个过程，不要急于求成。等孩子对单一特性充分注意和掌握后，再提进一步的要求，以免孩子厌倦。

图2-10　找相同

◎**找不同**　一幅图上，有长耳朵动物，比如兔子等，有短耳朵动物，比如熊猫等，长耳朵和短耳朵动物各两三种。让孩子找出长耳朵动物，再找出短耳朵动物。这个游戏也可以改成找长尾巴动物和短尾巴动物，找有烟囱的屋子和没有烟囱的屋子，等等。

分类需要注意事物不同的特性。给孩子做的分类游戏须特征分明、要求单一，以便他能将注意力集中到需要观察的地方。

◎**找回不见的玩具**　父母与孩子一起把几件玩具摆在桌子上，并让孩子清点玩具的数量、说出玩具的名称、记住玩具的种类；然后让孩子闭上眼睛，父母拿走其中的一样或几样玩具；孩子睁开眼睛后，问孩子什么东西不见了；孩子集中注意力去回想，最后说出不见了的玩具。

爸爸妈妈可以逐渐增加玩具的数量和种类，特别是相类似的玩具会增加这个游戏的难度，例如红色的游戏车和绿色的游戏车。

◎盯住那张扑克牌 取三张不同的牌（尽量不选花牌），如红桃5、黑桃7、方块2，正面朝上放在桌子上；选取其中一张牌，如红桃5，让孩子盯住这张牌；然后把三张牌倒扣在桌子上，由父母变换三张牌的位置；最后让孩子指出红桃5是哪一张牌。如果孩子猜对了，与父母交换角色。

随着孩子年龄增加和注意力的提升，父母可以增加难度，如增加牌的数量，增加变换牌位置的次数，提高变换牌位置的速度。

◎拼图 让孩子玩拼图，拼图最好挑选孩子熟悉、喜欢的形象，比如小动物、卡通形象等。从最初的两三块起，逐渐增加拼图的块数。如果孩子入门困难，可以让他对照着完整图形进行拼搭，引导他观察图块拼接处的特点。

拼图游戏需要高度集中注意力，喜欢拼图的孩子有时会达到十分入迷的程度，可在相当长的一段时间里持续研究、拼搭。拼图的难度要逐渐加大，要让孩子有成功感，才能保持他对拼图的热情。

◎一模一样 和孩子面对面，家长一边报“眼睛”“鼻子”“嘴巴”“耳朵”“手”“脚”……一边触摸自己五官或四肢的相关部位，让孩子模仿着做，比一比谁的速度快。开始时一个部位一个部位地报，随着孩子熟练程度的加强，家长可以连续报三个部位，如“眼睛、鼻子、嘴巴”，让孩子连续触摸，报的速度也可逐渐加快。

这个游戏能够在高度兴奋中凝聚起孩子的注意力。游戏中不强调左右，比如，你触摸左耳朵，因面对面，孩子可以模仿着触摸自己的右耳朵。但游戏中的要求须一致，不能时而以右耳朵为准，时而以左耳朵为准。

◎**端乒乓球** 让孩子用乒乓球拍端住球，不让球掉下来。

难度可加大为“运乒乓球”：让孩子用乒乓球拍端乒乓球，同时围着椅子转一圈或者从一个房间走到另一个房间。

难度还可加大为“干扰运乒乓球”：孩子运乒乓球，父母在旁边加以干扰，如拍手跺脚，大喊大叫，故意用语言刺激，比如喊：“掉了！就要掉了！”要注意，父母不可碰及孩子的身体。孩子为了不让乒乓球掉下来，必须保持镇定和注意力集中。绕完一圈或者走到另一个房间才算胜利。接下来可以互换角色玩儿。

这一游戏难度较大，但它能锻炼幼儿的协调能力，更大程度地提高孩子的注意力。

图2-11 端乒乓球

还有很多可以培养孩子注意力的游戏，如走迷宫、玩沙子等。尽管不同的游戏对幼儿所起的作用不同，但孩子都在轻松愉快的游戏中提高了注意力。

Part 3

记忆力
——孩子智力活动的源泉

记忆是人积累生活经验和知识的基本手段。有了记忆，智力才能不断发展，知识才能不断积累。

现实中，有的人过目不忘，有的人反复记不住；有的人记得准确无误，有的人记得模糊不清；有的人可以长久不忘，有的人转瞬即忘。那么，人的记忆是什么时候出现的？婴幼儿的记忆有差异吗？不同年龄婴幼儿的记忆特点有什么不同？如何做才能正确地提高婴幼儿的记忆力呢？这些问题正是幼儿心理学感兴趣的，也是父母应该了解的。

婴幼儿的记忆

——产生和发展

记忆从子宫开始，回忆从出生开始

长期以来，人们认为记忆的发生应当在婴儿出生以后，条件反射等现象证实，婴儿在出生后几个小时内就产生了记忆。但是，近些年大量的研究显示，8个月左右的胎儿就产生了记忆，刚落地的新生儿就携带着一只装满子宫中记忆的小箱子。

法国巴黎健康卫生科学院做过一个关于胎儿记忆的实验，让一名28岁的孕妇从孕期8个月开始，每隔一天到科学院做一次音乐胎教，直到分娩。婴儿出生后3天，当播放原来在母体内听惯了的音乐时，婴儿做出有节奏的吸吮动作，双手也随着音乐节奏有规则地摆动，甚至在他哭的时候，听到这些音乐就会平静下来。播放其他音乐时，婴儿则没有动作或者动作不合节奏。

美国心理学家小组让刚刚出生33个小时的新生儿听妈妈的声音和别的女人的声音的录音。结果发现，当新生儿听到自己母亲的声音时，吃奶就更加起劲儿，这表明他记住了在子宫中经常听到的声音。

通过以上实验说明胎儿已经能够记忆事物了。凡是在子宫中经常听到的声音，出生后，婴儿就能够回忆起来。尤其到了孕晚期，胎儿的神经系统逐渐成熟，复杂功能开始健全，这为记忆提供了生理保证。

婴幼儿的记忆发展

出生后，婴儿的记忆随着年龄增长而发展。新生儿最早的记忆是对被母亲抱或吃奶姿势的记忆。对于吃母乳的婴儿来说，妈妈只要以婴儿习惯的姿势抱他，他就会寻找乳头。这说明，经过反复，婴儿已对这一姿势有了记忆。

2～3个月时，当婴儿注意的东西从视野中消失时，他能用眼睛去寻找，这表明婴儿已有了短时记忆。

4～5个月时，婴儿就能记住喂奶和经常抚爱自己的人（多是母亲），能把她与陌生人区别开，即能够对熟悉的人再认。但这时的再认只能保持几天，如多日不见就不能再认了。

5～6个月以后，婴儿能记住妈妈的模样，见到妈妈时，四肢舞动、面带笑容，甚至发出笑声。这时婴儿逐渐出现了“认生”现象，说明孩子对人的整体外貌已经有了完整的认识和记忆。

9个月左右，婴儿能对之前出现的动作进行模仿（延迟模仿）。例如，父母按压手机玩具上的键可以发出声音，24小时后当手机玩具再次出现时，孩子会按键弄响手机。到24个月时，婴儿具备了比较稳定的延迟模仿能力。

1岁以后，随着语言的发育，幼儿的记忆能力逐渐增强。1岁多的幼儿能记住自己用的东西和一部分小朋友的名字。2岁时能记住简单的儿歌，这时期幼儿的记忆保持时间明显延长，记忆能保持几个月，如父母离开几个月后再回来时，幼儿仍能够再认。到4岁，幼儿能再认1年以前的事情。4～6岁的幼儿往往能再认2年以前的事情。

2岁以后的幼儿才能出现回忆。幼儿的回忆能力也随年龄增长而逐渐延长。3岁幼儿能回忆起几星期以前的事情。4岁幼儿可回忆起几个月以前的事情。4岁以后，幼儿一般可回忆很长时间（半年、1年、几年等）的事物。

一踢腿就有声——婴儿的记忆力令人惊叹

长期以来，人们低估了婴儿的长时记忆，认为婴儿对一件事的记忆不可能超过几分钟。这是大错而特错的。如果婴儿能够周期性地接触最初的学习环境，那么他在几天甚至几周以后依然可以重复之前学到的行为。这方面的例证是科学家们设计的“婴儿踢腿”系列实验。

实验是这样的：让婴儿仰卧在小床上，床上方悬挂漂亮的旋转风铃，然后拿来一条绳子，绳子的一头系在风铃上，另一头系在婴儿的脚脖上。当婴儿踢腿时，旋转风铃就会转动。如果他踢得用力，那些玩具就会相互撞击发出悦耳的敲击声。婴儿踢得越多，他就可以听到更多的敲击声。

这个实验用来证明婴儿是否可以对踢腿让风铃转动产生条件反射。研究者首先记录婴儿踢腿次数的基础水平（风铃没有连到脚上），之后和有刺激事物（风铃动了）的踢腿次数进行比较。对2～6个月大的婴儿来说，在几天或几周以后重新把旋转风铃放到他的床上方，当婴儿看到这些旋转风铃时，虽然并没有用丝带将玩具和婴儿的脚脖连接起来，但婴儿的脚还是会不停地踢动（明显高于基础水平）。

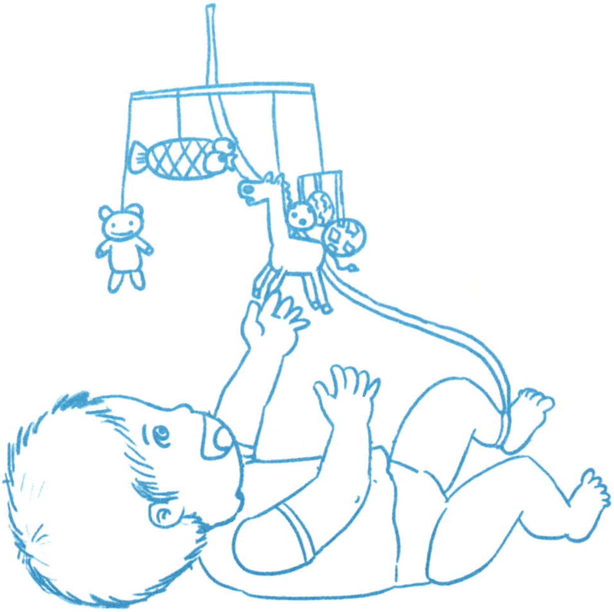

图3-1　婴儿记忆力实验

无论如何，婴儿的长时记忆可以使他有一个从容的生活。如果没有“老”的记忆，生活该是何等的艰难！当他饿的时候，他的身体蜷缩着，等待着美味的奶，这种记忆帮助他坚持着。他看见妈妈洗手了，听到玻璃奶瓶在洗碗池上碰撞的声音，热奶器发出的嘀嘀的叫声……这些同准备奶有关的举动，都会勾起他对上次及以前喂奶留下的幸福回忆。他开始期待，知道不久就能美餐一顿了。

除了保留时间更短一些之外，婴儿的记忆过程与年龄大的孩子和成人之间可能并不存在根本性的差别。人的记忆系统实际上从很早开始就工作得相当好，只不过婴儿的记忆更加脆弱而已。

表3–1　幼儿能记得多久前的事情

	1岁	2岁	3岁	4岁	7岁
再认（认得以前见过的东西）	几天前	几个星期前	几个月前	1年前	3年前
再现（回想起以前的事情）		几天前	几个星期前	几个月前	1～2年前

幼儿记忆的4大特点

——幼儿的记忆力是怎么发展的

与0～3岁的婴幼儿相比，3～6岁的幼儿参加的各种活动更丰富、更复杂，语言表达能力进一步增强，信息储存容量增大，记忆得到快速发展。

幼儿的记忆从有无目的（无意记忆与有意记忆）、具体内容（形象记忆和词语记忆）、是否理解（机械记忆与意义记忆）、时长效果（瞬时记忆、短期记忆、长期记忆）等四方面看，有以下特点。

特点1：无意记忆占优势，有意记忆逐渐发展

生活中，爸爸妈妈可能经常遇到这样的情景：自己的某件东西不知放到哪儿去了，向孩子“求救”，这时他可能一下子就能帮你找到。这是因为幼儿记忆没有目的性，凡是他感兴趣的、印象鲜明的事物他都能记住。如果孩子看到父母拿着某个东西放在一个地方，他的记忆深处就会保留当时的情景，于是，孩子很可能十分容易地就能帮着找到。

3岁以前的幼儿基本上只有无意记忆，不会进行有意记忆。在整个婴幼儿期，无意记忆的效果都优于有意记忆。幼儿的记忆以无意识记为主，他们

只能记住那些形象鲜明的对象、引起其兴趣的事物或引起其强烈情绪体验的事。这是幼儿记忆的基本特点。

无意记忆效果随着年龄增长而提高。例如，给小、中、大三个班的幼儿讲同一个故事，事先不要求记忆，过了一段时间以后，进行检查。结果发现，年龄越大的幼儿无意记忆的效果越好。

有意记忆逐渐发展是幼儿记忆发展中最重要的质的飞跃。有意记忆的效果依赖于对记忆任务的意识和活动动机，在实验室条件下，水平最低；在游戏和完成实际任务的条件下，水平较高。到了小学阶段，有意记忆才赶上无意记忆。

要幼儿将记忆专门作为有目的活动是困难的。5～6岁的儿童有意记忆的能力开始发展起来，如大人委托他做某件事，他会运用简单的记忆方法，如重复大人说的话来记住这件事。进入小学后，在教育的影响下，有意记忆的能力得到较快发展。

特点2：形象记忆占优势，语词记忆逐渐发展

幼儿的形象记忆占优势。形象记忆是根据具体的形象来记忆各种材料。在儿童语言发展之前，其记忆内容只有事物的形象，即只有形象记忆。在儿童语言发生后，甚至整个幼儿期，形象记忆仍然占主要地位。

幼儿形象记忆的效果高于词语记忆的效果。幼儿对熟悉的事物记忆效果优于熟悉的词，而对生疏的词，记忆效果显著低于熟悉的事物和熟悉的词。对熟悉事物的记忆依靠的是形象记忆。形象记忆所借助的形象，带有直观性、鲜明性，所以记忆效果最好。熟悉的词在幼儿头脑中与具体的形象相结合，因而记忆效果也比较好。至于生疏的词，在幼儿头脑中完全没有形象，因此记忆效果最差。

整个幼年的记忆特点是形象性，孩子识记形象直观的材料，要比识记抽象的原理和词汇容易得多。而在识记词汇的过程中，生动形象化的描述又比抽象的概念容易让孩子接受。不过，在5～6岁的孩子中，词语记忆的发展速

度已经大于形象记忆了。

特点3：机械记忆用得多，意义记忆效果好

成人一般是通过对事物深层次的理解，找出事物的特征和联系进行记忆的。而孩子的记忆带有很大的直观性和形象性，通常他们只会机械地记住事物的外部特征，不会对此进行分析。例如孩子背唐诗，只是将字一个一个地背下来，而不能理解其中的意义。

根据对记忆材料是否理解，记忆可分为机械记忆和意义记忆。机械记忆指对所记材料的意义和逻辑关系不理解，采用简单的、机械重复的方法进行记忆。意义记忆是指根据对所记材料的内容、意义及其逻辑关系的理解进行的记忆。

由于生活经验缺乏，理解力差，幼儿在记忆时较多地、大量地采用机械记忆的方法，比如许多诗歌、故事等，幼儿是逐字逐句地硬背记住的。许多字、词、句，幼儿并不理解其含义，但反复多次也就记住了，而且幼儿这种机械记忆的能力有时还相当惊人。有的幼儿虽不懂得数的实际含义，却能流利地从1数到100或更多。机械记忆有利于帮助幼儿掌握更多的知识，在此基础上学会意义记忆。

幼儿相对较多运用机械记忆，可能出于两个原因：一是幼儿大脑皮质的反应性较强，感知一些不理解的事物也能够留下痕迹；二是幼儿对事物理解能力较差，对许多识记材料不理解，不会进行加工，只能死记硬背，进行机械记忆。

幼儿对理解了的材料，远比不理解的机械背诵的效果好。日常生活和教学中许多事实都能说明这一点。比如，幼儿容易记住“雪白”“天蓝”“火红”“五颜六色”“笔直”等这些容易理解的词语，却不易记住“洁白”“蔚蓝”“红艳艳”“五彩缤纷”“挺拔”等这些难以理解的语词。

随着幼儿知识经验的增加和理解力的增强，幼儿的意义记忆能力也在不断地发展着。5～6岁的幼儿复述故事时，就不再是逐字逐句地照背，而是根据自己对故事内容和意义的理解来进行记忆，许多比较抽象的词，如“美丽”“洁白”“认真”“诚实”“炯炯有神”“兴趣盎然”，寓言如“刻舟求剑”“守株待兔”“拔苗助长”“掩耳盗铃”“亡羊补牢”“画蛇添足”等，幼儿都能在老师的启发下，在理解的基础上背诵、运用。

在整个幼儿期，无论是机械记忆还是意义记忆，其效果都随着年龄的增长而有所提高。并且到了5岁，幼儿机械记忆的效果也越来越有所提高，意义记忆和机械记忆效果的差别逐渐减小。这是因为两种记忆越来越多地相互渗透，主要是机械记忆中加入了越来越多的理解成分，使机械记忆的效果有所提高。

特点4：记得少、忘得快

幼儿的记忆范围和保持时间，是随着年龄的增长而逐渐扩大和延长的。可以说，孩子的记忆是记得少、忘得快。

当见过的事物不在眼前时，1岁以内的孩子根本回忆不起来；2岁左右的孩子可以回忆几天以前的事；3岁左右的孩子可以回忆几个星期以前的事。比如，爸爸在外学习1年后回到家中，小宝贝可能会不要爸爸抱，因为他已经忘记了爸爸的模样，把爸爸当成了陌生人。

记忆的精准性也同样是随着年龄的增长而逐渐提高的。他们对简单熟悉的东西记得精确，而对复杂事物的记忆就会有遗漏或出现偏差。例如，孩子听了一个故事，他只会记住自己感兴趣的某些情节，而对整个故事却记不住或混淆故事情节。有时候，孩子记忆力的这种不准确性，常会被大人误解为说谎。

表3-2　幼儿记忆的种类及特点

划分依据	类别	含义	特点、地位	例子
按有无目的划分	无意记忆	自然而然发生，没有目的和意图的记忆。	整个幼儿期都以无意记忆为主。	“你拍一，我拍一，早早睡觉早早起……”拍手歌这类游戏会让孩子无意间记住很多东西。
	有意记忆	有明确记忆目的和意图。	3岁后，幼儿的有意记忆开始出现并逐步发展。	“来数数姥姥家楼梯有多少台阶，等姥姥回家后告诉她。”
按记忆内容划分	形象记忆	对于形象事物的记忆。	形象记忆在整个幼儿期占主要地位。幼儿形象记忆的效果高于语词记忆。	幼儿记住“数字歌”： 1像铅笔直又直； 2像小鸭水上漂； 3像耳朵听声音； 4像小旗迎风飘……
	语词记忆	对于抽象的概念、判断、推理的记忆。	3岁后词语记忆的发展速度比形象记忆快。	幼儿可以记住“美丽”“认真”“诚实”“炯炯有神”“兴趣盎然”等抽象词语。
按是否理解划分	机械记忆	反复背诵，死记硬背。	机械记忆是幼儿的主要记忆形式。	幼儿经过3个小时的单纯重复跟读，可以背会古诗《咏鹅》。
	意义记忆	在理解的基础上记忆。	幼儿意义记忆的效果总是高于机械记忆。	5～6岁的幼儿在复述故事时，不再逐字逐句地照背，而是根据自己对故事内容的理解来讲述。

孩子感兴趣，自然记得住

——随时引导孩子去记忆

幼儿时期主要发展的是无意记忆，幼儿所获得的知识和经验大多是在生活和游戏活动中无意地、自然而然地记住的。他们的记忆决定于事物是否新奇、鲜明，是否感兴趣。因此，在日常生活和游戏活动中就能很好地培养幼儿的记忆力。

提供鲜明直观的识记材料

幼儿的记忆以无意记忆为主。这个时期的孩子对鲜明、生动、有趣的事物非常感兴趣，这些事物能引起他们的情绪反映，大都能使他们自然而然地记住，例如喜爱的玩具、动物、道路、词汇等。

给孩子提供的记忆材料一定要鲜明、简单、突出、直观，与他们的生活内容和自身有关。例如，各种材料制作的不同形状的有趣小卡片，能活动的计数器、玩具和实物等。如果再配以生动活泼、深受其喜爱的游戏与木偶戏等，就会更好地确保幼儿获得深刻的印象，从而达到提高记忆效果，发展记忆能力的目的。

父母要多带孩子到外面去，让他接触的范围广些，扩大他的眼界。孩子观察到的事物越多，所获得的记忆对象就越多。

儿童心理专家提示：直观、形象、具体、鲜明的事物，因其物理特点突出，容易引起幼儿的集中注意，也容易被幼儿在无意中记住。

利用游戏激发孩子的记忆兴趣

我们都有这样的体会，尽管没有人要求孩子去记，但孩子在看了自己感兴趣的电视后，往往能惟妙惟肖地表现电视中人物的语言和动作。特别是对于与其快乐情绪相联系的事情，如某次过生日时妈妈买的布娃娃，某次节日上台为小朋友表演的情景，等等，常使他们终生难忘。

“哪里没有兴趣，哪里就没有记忆。”歌德的话正好说中了幼儿的记忆特点。明智的家长绝不会“命令”孩子记住这记住那，而是让孩子在玩中学、玩中记。一些专门的实验或测验，把幼儿带到实验室里，简单地要求他们完成记忆任务，幼儿对这种活动缺乏兴趣，记忆效果往往比较差。而在能激发孩子兴趣的各种游戏中，无意记忆和有意记忆的效果都比较好。

只要想想“你拍一，我拍一，早早睡觉早早起……”这样的拍手歌（内容如下），就不难明白，这些游戏活动能让孩子无意间记住多少东西，获得多大进步。可以训练幼儿记忆力的类似游戏很多，比如说歌谣、猜谜语、唱儿歌等。下面是一些能够激发孩子记忆兴趣的游戏。

你拍一，我拍一，一个小孩坐飞机；

你拍二，我拍二，两个小孩梳小辫；

你拍三，我拍三，三个小孩吃饼干；

你拍四，我拍四，四个小孩写大字；

你拍五，我拍五，五个小孩在跳舞；

你拍六，我拍六，六个小孩拍皮球；

你拍七，我拍七，七个小孩猜谜语；

你拍八，我拍八，八个小孩吹喇叭；

你拍九，我拍九，九个小孩找朋友；

你拍十，我拍十，十个小孩立大志。

图3-2　拍手歌游戏

◎ **“你问我答”的游戏**　通过问问题，强化孩子的记忆力。例如，经过邻居家的时候，你可以问孩子：“谁住在这里呀？”孩子通过思考后回答：“东东住在这里。”这样能让孩子从记忆中找到相应的信息回答问题，锻炼记忆思考能力。

◎ **“小蝌蚪找妈妈”游戏**　讲完“小蝌蚪找妈妈”的故事后，父母可以让孩子当小蝌蚪玩找妈妈游戏，孩子在表演的浓厚兴趣中会记住青蛙的外形特征和生长过程。

◎ **“依次说出名称”小游戏**　把几样东西按先后次序排列在桌上，让孩子看上几十秒钟，然后遮起东西，让孩子凭记忆依次说出这几样东西的名称。

◎**“开商店”游戏** 让孩子担任“顾客”的角色，“顾客”必须记住应购物品的各种名称，角色本身使孩子意识到这种识记任务，因而也就努力去识记，记忆效果也会有所提高。

◎**“参观橱窗”小游戏** 路过商店橱窗时，先让孩子仔细观察一下橱窗里陈列的东西。离开后，要求孩子说出刚才看到的东西。

◎**儿童心理专家提示** 一般来讲，孩子的记忆效果与其情绪有很大关系。符合幼儿兴趣的事物，能激起幼儿愉快、不愉快或惊奇等强烈情绪体验的事物，都比较容易成为幼儿注意的对象，也容易成为无意记忆的内容，且幼儿记忆都较深刻。而对感到沉闷的事物，如单调的讲话、长篇大论的训话，或由于家长的批评、惩罚而处在消极的情绪状态下，孩子的记忆效果就会较差。这就是为什么感人的道德故事比空洞的道德说教容易使幼儿记住的原因。

明确任务，布置“作业”

如果没有具体要求，孩子是不会主动进行记忆的。同时，要求幼儿把记忆作为有目的的活动也是比较困难的。但在日常生活和组织幼儿进行各种活动时，如果父母能给孩子提出恰当的识记任务，那么，幼儿有意记忆的效果甚至会超过游戏的效果。

出现这种结果的原因至少有两个：第一，孩子一旦明确了记忆的任务、目的，可以提高他大脑皮层有关区域的兴奋性，形成优势兴奋中心，因而记得牢；第二，在完成生活中的实际任务时，幼儿的记忆效果能够得到成人或小朋友集体的评价，或者受到赞许，或者得到奖励，这种赞许或奖励是实际的强化。下面是几个促进孩子有意记忆的例子。

别说孩子，就是我们大人可能也不记得走过无数遍的楼梯有多少级台阶。但是，你如果跟孩子说：“来数数姥姥家楼梯有多少级台阶，等姥姥回家后告诉她。”孩子准会记牢。

给孩子讲故事前跟他说：“妈妈要讲一个特别好玩的故事，回头你再讲给爸爸听。”这也能促使孩子记住妈妈讲的故事。

让孩子讲自己的故事。选择一个让孩子印象深刻的经历，和他一起回忆这段经历。开始的时候，主要由家长叙述，适当地让孩子做补充，慢慢地让孩子做主讲人。坚持下来，孩子的记忆丰富了，就能绘声绘色地描述自己的经历，而且能有条理地整理、重现过去的经历。

周末带孩子去动物园之前，让孩子留心怎么去动物园，动物园里有哪些动物，各种动物长得什么样，等等。晚上回家后让孩子说给爷爷奶奶听。

晚上临睡前，告诉孩子妈妈明天要做哪些事、什么时间做，等等。让孩子帮助妈妈记住，以便及时提醒妈妈。第二天，孩子如能及时提醒，妈妈要给予表扬，激发宝宝的记忆兴趣。

儿童心理专家提示：给孩子提出的记忆任务要具体、难度适中，当孩子完成任务时要及时给予积极的反馈。

越形象生动，孩子记得越牢

——形象记忆是最有效的学习方法

形象记忆是幼儿最有效的学习方法。例如，家长可指着汽车的图片，告诉孩子“这是汽车”，他就会把“汽车”的概念和这个形象联系起来输入脑海里。随后，家长应该尽可能创造机会，让孩子亲眼看见、亲身感受，那么整个记忆过程就会变得高效而愉快了。

形象事物，促进记忆

幼儿对语词的记忆能力较弱，以情绪记忆、形象记忆为主。我们要多引导幼儿观察一些实物，如“鸭子”“长颈鹿”“飞机”“火车”等。通过细心观察，以上这些事物的具体形象都会在孩子的脑海里留下深刻印象，促使幼儿记忆。

让幼儿记忆儿歌、故事、字母等抽象材料时，要配上生动的图片或夸张的声音等，比如和孩子一起看着画面讲故事，这些都有助于宝宝对故事的记忆。

幼儿在学习知识过程中，父母和老师如能恰当地运用实物、标本、模型、图画等直观教具进行教学，幼儿就能产生形象记忆，提高记忆能力。

多种感官，增强记忆

很多家长都有这样的经历：堆积木的时候，如果孩子不动手，只是看着大人怎么做，他很难记住应该怎么做；如果他自己动手搭积木，下次他还能搭起来。很明显，光用眼睛看的记忆效果，不如用眼睛看再加上用手做的效果。

为了提高幼儿记忆的效果，可以采用“协同记忆”的方法，即在幼儿识记时，让多种感觉器官——视觉、听觉、嗅觉、味觉、触觉参与活动，在大脑中建立多方面联系，从而加深幼儿的记忆。

例如，教幼儿识记水果、蔬菜、食品等词语时，应尽量让孩子多看一看、摸一摸、闻一闻、尝一尝，通过眼、耳、口、鼻、手等感官从多方面了解它们的颜色、形状、味道，这样幼儿会记得又快又牢。

再如，为了使幼儿认识纸张，可以让幼儿把纸放到水里看纸吸水，把纸放在火上烧一烧，用手撕一撕纸。通过实验，宝宝就会记住纸的吸水性、易燃性、易碎性等特点。

有个实验，以10张画片为材料，单凭听觉，孩子的记忆效果为60%，单凭视觉的记忆效果为70%，而视、听觉和语言活动协同进行，记忆效果为86%。

实验表明，如果让幼儿把眼、耳、口、鼻、手等多种感觉器官利用起来，使大脑皮层留下很多“同一意义”的痕迹，并在大脑皮层的视觉区、听觉区、嗅觉区、运动区、语言区等建立起多通道的联系，就一定能提高记忆效果。因此，应让幼儿多运用各种感官参加记忆活动。

动作演示，辅助记忆

在记忆过程中，不一定能随时找到图片和实物。那么我们不妨通过动作演示帮助宝宝来准确理解并记忆。

比如，教幼儿认小白兔，妈妈可以教幼儿把手指竖在头顶上模仿兔子的耳朵，让幼儿一边做动作一边记忆“小白兔”。下次没有小白兔的图片时，妈妈再跟宝宝做这个动作，他就会容易记起这个长耳朵动物了。

在讲故事、听儿歌时，也可以运用动作演示法。比如讲“小鸭子游泳”这个故事时，当讲到“小鸭子摇啊摇，扑通一声跳下河”时，“摇啊摇”“扑通一声”等语言都可以通过动作演示。形象生动的动作表演能让幼儿记忆深刻。

讲“猴子过河”的故事时，可以示范猴子看到河对岸有许多桃子后急得抓耳挠腮的样子，而且可以让幼儿也学猴子着急的动作。通过模仿，引出“抓耳挠腮”这个词，幼儿理解了词意，就能很准确地记忆和运用了。

欣赏古诗《静夜思》时，其中“举头望明月，低头思故乡”的诗句，通过父母的动作演示，幼儿能准确理解诗意，并且以后会记忆犹新。

善用比喻，加深记忆

无论是给幼儿讲故事、朗诵诗歌，还是示范体育动作、舞蹈动作、绘画技巧，除了正确规范外，还应运用一些浅显易懂的比喻手法破解难点，在幼儿的脑海里留下难忘的印象。

比如，画金鱼的尾巴时，可告诉幼儿，金鱼的尾巴像一片柳树叶，宝宝记住了尾巴的样子，便能较容易地画出来。

一个非常经典的例子是，我们在教小朋友认识阿拉伯数字的时候，习惯把实物图片与数字结合起来，并汇编成儿歌教给幼儿，小朋友在朗朗上口的儿歌中记住了数字的形象。

1像铅笔会写字；

2像鸭子水中游；

3像耳朵听声音；

4像小旗迎风飘；

5像秤钩来买菜；

6像哨子吹声音；

7像镰刀来割草；

8像麻花拧一道；

9像蝌蚪尾巴摇；

10像铅笔加鸡蛋。

多和孩子谈论共同经历的事情

——自传式记忆的作用

在3岁左右，幼儿会对他们的过去着迷，并以一种一致的方式来描述他们的过去，这形成了自传式的记忆系统。

自传式记忆是人对于自己经历的事情的记忆。例如，第一次坐飞机、小时候搬新家等。这些记忆对儿童本身具有重要意义，并且会成为个人自我意识的主要部分。

自传式记忆的产生和发展

幼儿在开始说话的时候，差不多就是他们有能力叙述过去的时候。但是他们刚开始叙述的，往往是那些刚结束不久的事情。然而在2～3岁，他们会明显地谈论很久前发生的事情。这意味着幼儿开始发展一种明确的个人历史感。

幼儿一般是以情节方式来描述他们所经历的事情的。这些情节由一些基本的行为动作组成：什么时候、在哪儿、和谁发生了什么。例如，让一个3岁孩子说说去餐馆的经过，他可能会说：“你进去了，买吃的，给人家钱，然后就吃。”这些动作虽然很简单，但孩子总是按照动作的先后顺序来说。

随着年龄增长，幼儿的自传式记忆能力渐渐提高，叙述的情节更详细。例如，一个5岁孩子在回忆“去餐馆”的经过时这样说：“你进到里面，坐在餐桌旁。然后告诉服务员你想吃什么。你就吃饭。如果想吃甜点，你就吃一点儿。然后你付钱回家。”

幼儿的自传式记忆，3～4岁阶段发展相对较慢，4～5岁阶段发展迅速，4岁是发展的转折期。

父母要多和孩子谈论过去

什么因素使幼儿具备这种自传式回忆能力呢？相关研究发现了一个有趣的现象，与父母谈论迪士尼乐园之行较多的儿童能回忆起更多的信息。这说明父母在儿童自传式记忆的发展中起着重要的作用。其中，母亲的教养态度更为重要。

在谈论过去经历的时候，儿童对事情的回忆一开始不是一种连续的过程，而是在成人的引导下逐渐叙述出更多曾经忽略的信息。

父母谈论过去时，通常会向孩子提出一些情境性的问题：今天早上我们去哪儿了？我们看见了什么？谁和我们一起去的？我们还看到了什么？

下面的谈话，是一位妈妈提示她19个月大的孩子回忆早晨去动物园的事情：

妈妈：今天早上我们在动物园看到了什么？

孩子：大象。

妈妈：对！我们看见了大象。还看到了什么？

孩子：（想不起来）

妈妈：熊猫，是吧？我们是不是看到了一只熊猫？

孩子：（微笑，点头）

妈妈：好的！大象和熊猫，还有别的吗？

孩子：大象。

妈妈：对，大象。还有大猩猩。

孩子：大——猩猩。

我们看到妈妈在努力帮助孩子描述事情。采用的方法包括：创造机会和孩子对话；给予孩子适当的提醒；重复孩子的话；鼓励孩子说出他记得的细节；让孩子和父母分享记忆。

分享记忆对于幼儿记忆的发展特别重要。通过亲子交流，幼儿认识到过去是重要的，掌握了一些记住事情的方法：记忆事情就是要记住什么人、什么时候、什么地方、做什么事情。

然而，不同的父母对于帮助孩子回忆过去的事情，采用的态度和方法也不同。最常见的是“热心型”和“冷淡型”。

热心型：常常和孩子谈论过去；对于过去的事情进行大量详细的描述；鼓励孩子进行相同详细的描述；提出很多引导性、提示性的问题；大量谈论孩子的回答。

冷淡型：对过去不感兴趣，很少谈论他们和孩子之间共同经历的事情；不鼓励这种谈话；很少关注孩子的记忆；倾向于直接提问并要求简单正确的答案，而不是引导孩子去回忆。

不同类型的父母，会采用不同的方式和孩子谈论过去。相对于那些很少和孩子谈论过去的冷淡型父母，热心型父母能够经常和三四岁的孩子分享回忆；询问他们的孩子有关过去事情的问题，这些孩子可以回忆起更多的一两年之前的经历。

心理学家认为，记忆开始是通过与父母共同参与的描述所建立的，并且由成人支持儿童描述过去事情所产生的。由于父母的帮助，孩子最终可以独立完成回忆的工作：首先是以和别人对话的外显性方式展现，之后变成一种内隐的、由自己私底下完成的功能。

因此，父母和孩子共同谈论过去的事情，是孩子个人记忆能力成长的基础。

图3-3　分享记忆有助于幼儿记忆的发展

语言在自传式记忆中的重要作用

幼儿把自己的所见所闻、内心体验和想法比较详细、完整地讲述给别人，是他们运用语言的实际能力的具体表现。而语言表达能力决定着幼儿自传式记忆的发展。语言表达能力强的幼儿，自传式记忆的水平均好于语言表达能力差的幼儿。

这可能是因为语言既是记忆储存的主要编码形式，又是记忆输出的一种形式，自传式记忆的测量通常也是借助访谈中的口语表达来实现的。

研究发现，妈妈和4岁的孩子在参观博物馆后的对话中，孩子记住的那些由妈妈和自己共同讨论的部分，远远多于那些单纯由妈妈讲述的或者孩子自己讲述的，以及那些没有被提到的部分。而且语言互动，例如，妈妈说某个动物的名字之后，孩子重复这个名字并作解释，具有特别的效果。语言互动的内容能更容易被孩子记忆和使用。

因此，心理学家断定，语言是最适合促进记忆的工具。

经验证明，如果幼儿能够清晰、完整、连贯地回忆起过去经历的事情，那么这将为他们进入学校学习、掌握书面语言奠定基础，还能促进他们的社会化进程。一般来说，语言表达能力很强的幼儿，其社交主动性也较好，所以这样的幼儿对其生活经历的回忆也很主动。

婴儿期记忆缺失

3岁的孩子能记得1岁半时发生的事，但为什么人成年后对自己3岁前所发生的事情一点儿也回忆不起来呢？这种现象被称为“婴儿期记忆缺失”。

要想长久地记住事情，需要能够用语言的形式表达，因为语言可以加强和巩固记忆。成人能使用语言，而3岁以前的孩子还没有很好地掌握语言，3岁前的记忆是以非语言符号的形式保存的，因此，在我们成为语言的使用者之后就无法提取早年的记忆了。直到4岁的时候，大多数的儿童才能比较容易地使用记叙的方式对他们的经历进行编码和记忆，而且这一过程大多是在成人的帮助下才得以完成的。只有成人指导，儿童才能学会如何对记忆进行编码，才能认识到可以通过语言与他人分享记忆。现在这种从认知角度做出的解释已为更多人所接受。

近些年，一些心理学家通过实验发现，婴儿期记忆消退和永久遗忘大约在孩子7岁的时候发生。大多数小朋友在3岁时能回忆起一年前发生的很多事情，这些记忆将持续到6岁，但到7岁以后，3岁前的记忆将迅速消退，到了8岁，大多数孩子就只能回忆起3岁前的小部分经历（约35%）。

Part 4

思维力
——孩子智力发展的能量

“司马光砸缸”的故事在我国流传已久。为什么人们把它看成是孩子智慧超群的表现呢？因为小司马光用远远高出一般孩子的思维能力巧妙地解决了当时的难题。

思维力是智力活动的核心，也是智力结构的核心，在一个人一生的任何阶段都起着相当重要的作用。

生物学家在某个地区发现了一些海洋化石后，能够分析、推测出这个地区几百万年以前曾经是海洋或是离海洋很近。这属于思维活动。

孩子看到一幅画，在画上看见了许多树，而且看见树上的叶子都是黄色的，地上也有许多黄叶。他根据画面就知道画的是秋天。这也属于思维活动。

当幼儿提出“为什么天上能下雨”“雨水是从哪里来的”等问题时，就表明幼儿已不满足于感知事物的表面现象，还想知道现象背后的原因，已经处于积极的思维活动中。

一个孩子的思维能力在很大程度上决定了他聪明不聪明、能不能成才。要让孩子更聪明，父母就应根据孩子思维发展的特点和规律，正确培养出孩子的良好思维能力。

0～6岁婴幼儿的思维

——发展特点和培养指南

0～3岁：以直觉行动思维为主

婴幼儿最初的思维与其动作的发展是分不开的。例如，婴幼儿经过多次尝试，通过拉桌布取得放在桌布中央的玩具，下次看到在床单上的皮球，就会通过拉床单去拿皮球。也就是说，婴幼儿摆弄一种东西的相同动作会产生相同结果，这样在头脑中形成了固定的联系，以后遇到类似的情境，就会自然而然地使用这种具有概括性的有意动作。这种概括性的动作就成为婴幼儿解决同类问题的手段，即直觉行动思维的手段。

直觉行动思维是指主要利用直观的动作解决问题的思维。0～3岁婴幼儿的思维主要是直觉行动思维。离开实物和动作，思维就无法进行了。

尽管如此，直觉行动思维依然是人类思维发展的基础，而且是3岁前儿童认识世界的主要手段之一。父母应该十分注意发展儿童这种思维手段，放开孩子的手脚，放飞孩子的思维。

孩子最初的动作往往是杂乱无章、漫无目的的，以后在不断操作过程中便会了解动作与结果之间的关系。例如，3岁的孩子拍球时，开始是乱拍，不了解自己的动作与球弹起来的关系，经过学习和训练，他逐渐理解了其中的关系，学会了正确的拍球动作。在这一时期，对孩子的动作、运动进行训练很重要。

因此，训练孩子的爬行、滚翻、蹦跳等平衡协调能力，以及捏橡皮泥、摆积木等活动是必不可少的，这些活动有助于孩子的思维发展。相反，限制孩子的活动，只让孩子看电视、玩玩具、玩游戏机则会影响孩子的思维发展。

在解决问题的过程中，要帮助孩子创造思维发展的条件。当孩子的思维活动由于感知对象或动作的限制而停滞不前时，可以为他提供一些继续思维下去的情景。例如，一个小孩子想伸手拿到窗台上的玩具，可是由于窗台太高，即使急得踮起脚去拿，也依然拿不到，他束手无策了。这时，父母可以拿一把小椅子，放到窗台前，孩子看到椅子，马上爬上去，拿到了玩具。这里，父母提供的小椅子，为孩子继续思考下去并解决问题创造了条件。

家长不仅要用行动，而且必须借助语言去启发孩子。比如，当皮球滚到床下的时候，孩子很可能立即就往床下爬，如果成人提示说："不爬到床下，用别的方法能不能取出皮球呢？"这样就会引起孩子的思考，并产生相应的新的动作。如果孩子仍想不出来，家长可以给他一根棍子，教他把皮球拨出来。这样能促进他直觉行动思维的发展。

3～6岁：以具体形象思维为主

随着生活范围的扩大、知识经验的积累、语言的丰富和发展，幼儿的思维方式也发生了变化：从3岁开始，由原来的直觉行动思维逐渐过渡到具体形象思维。

所谓具体形象思维，是指幼儿依靠事物在头脑中的具体形象进行的思维，即依靠具体事物的表象以及对具体形象的联想而进行的思维。3～6岁幼儿的思维以具体形象思维为主。

到了具体形象思维阶段，幼儿在思考和解决问题时就可以摆脱动作和动作对象，他们靠的是什么呢？靠的是以前见过的事物在头脑中留下的印象。随着这些印象的丰富、深刻，儿童的思维逐渐从动作和实物中解脱出来，具有了更大的概括性和灵活性。从某种意义上讲，真正的思维才开始产生，由“手的思维”转为“脑的思维”。

幼儿的具体形象思维具有两个最为突出的特点：具体性和形象性。

具体性。幼儿在思考问题时，总是借助于具体事物或具体事物在头脑中留下的印象。幼儿容易掌握那些代表实际东西的概念，不容易掌握比较抽象的概念。比如“家具”这个词比“桌子”“椅子”等词抽象，幼儿比较难掌握。如“交通工具”这个概念比较抽象，而“小汽车”这个概念较为具体，所以幼儿掌握“小汽车”这个概念比“交通工具”要容易。

幼儿对具体的语言容易理解，对抽象的语言则不易理解。比如，老师说：“喝完水的小朋友把杯子放到柜子里去。”刚入园的幼儿都没有反应。老师又说：“军军，把杯子放到柜子里去吧！”这时军军才理解老师说话的意思。对刚入园的幼儿来讲，“喝完水的小朋友”是个泛指的词，没有具体指出哪个小朋友，而每个孩子的名字才是具体的。

典型的幼儿思维过程是，具体事物可以在眼前，也可以不在眼前，但头脑中必须有事物的形象。例如，让幼儿算一下2加3等于几，幼儿感到困难，但如果问2个桃子再加上3个桃子是几个桃子，幼儿就会比较容易地回答这个问题。或者，幼儿虽不需要人提示就能对“5+2=7”进行计算，但实际上，他们往往并不是对抽象数字进行计算，而是依靠头脑中再现的实物形象，如5个小朋友加上2个小朋友，或计数自己的手指，才算出“7”来的。我们从幼儿经常提出的问题中，也可以知道他们常常是依靠事物的具体形象来思考的。比如，幼儿问：“风是谁吹的？谁把月亮挂到天上去的？”

形象性。幼儿需要依靠事物的形象来思维。幼儿的头脑中充满了各种颜色和形状的生动形象。比如，爷爷总是长着白胡子，奶奶总是头发花白的，儿子总是小孩，穿军装的才是解放军，兔子总是“小白兔”，猪总是“大肥猪”，等等。

a.泛指词汇　　b.具体称谓

c.抽象数字　　d.具体事物

图4-1　具体形象思维

除了以上两大特点之外，幼儿的具体形象思维还表现在以下几个方面。

经验性。幼儿的思维常常根据自己的生活经验来进行。例如，幼儿把热水倒入鱼缸中，问他为什么时，他说："老师说了喝开水不生病，小鱼也应该喝开水。"再如，听奶奶抱怨小鸡长得慢，幼儿就把小鸡埋在沙里，把鸡头留在外面，还用水浇，并告诉奶奶："这样小鸡一定会长得很快。"

拟人化。幼儿往往把动物或一些事物当作人。他们把自己的行动经验和思维感情移到小动物或小玩具身上，和它们交谈，把它们当作好朋友。幼儿认为太阳公公能看见小朋友们在玩儿。这些现象是幼儿思维普遍存在泛灵论的体现。

看表面。幼儿思维只是根据具体接触到的表面现象来进行，往往不能反映事物本质联系。比如，幼儿听妈妈说："看那个女孩子长得多甜！"他就问："妈妈你舔过她吗？"再如，一个5岁的孩子注视着阿姨给小婴儿喂奶，看到奶水从阿姨的乳房里流出来，他认真地问："阿姨，那里面也有咖啡吗？"还有，幼儿难以理解"反话"。比如，一个小朋友想上厕所，其他小朋友也要去，老师生气地说："去，去，去，都去！"结果这些孩子根本不理解老师的意思，反而高高兴兴地一起去了。可见，幼儿难以理解反话的含义。

认死理。幼儿思维的具体性使幼儿的思维缺乏灵活性。比如，两个小朋友在抢一个玩具，大人拿出一个同样的玩具，让他们各玩一个，幼儿往往一时转不过来，谁都要原来那一个。再如，在美工活动中，小朋友都在等着教师发剪刀，可是发到中途剪刀发完了，教师又去拿。另一位老师给他们拿手工区的剪刀，他们说什么都不肯要。这时他们的老师回来说："没有剪刀了，你们就使手工区的吧！"可是这几个小朋友仍然不愿意用手工区的剪刀。

具体形象思维是幼儿期思维发展最主要的特点。幼儿口头语言已经发展，他们可以通过他人语言的描述来理解各种事物，但词的描述必须能在儿童头脑中形成生动形象才能帮助理解。对于困难的材料，如听科学故事、学习诗歌等，需要有图画或实物等具体形象的事物帮助才能理解。有人曾研究插图对幼儿理解文艺作品的作用，实验结果发现，插图有助于幼儿对文艺作品的理解，年龄越小作用越大。因此，我们一定要注意幼儿的思维特点，多结合具体形象的事物来帮助幼儿去理解和解决问题。

以讲故事为例，给3岁前的孩子讲故事，常常需要一些实物，如玩具、图片等的支持，并伴随必要的动作和活动；给5～6岁的幼儿讲故事，则可减少或不用这些东西，而主要靠父母辅以手势和表情的语言描绘，孩子随着父母的描绘，能联想到相应的情景和人物形象，理解故事内容。这说明孩子的思维随着年龄的增加有了明显的提高，即到幼儿晚期出现了抽象逻辑思维的萌芽。

6岁以后：开始进入抽象逻辑思维阶段

6岁时，幼儿开始出现抽象思维的萌芽。所谓抽象逻辑思维，是通过概念、判断、推理来揭示事物的内在联系和本质联系的思维形式。比如，儿童对数概念的掌握和运用，对实物概念的比较和归类，对事物因果关系的认识，等等。不过，这时的抽象逻辑思维水平很低。

幼儿掌握概念的能力在不断发展，但发展水平还处于低级阶段。即使是关于实物的概念，也还不善于从本质特征上去掌握；至于各种抽象概念，掌握水平就更低。比如，关于“凶恶”，孩子会说：“就是像大灰狼那样的。”关于“团结”，孩子会说：“就是小朋友不打架。”关于“勇敢”，孩子会说：“就是打针、跌跤不哭。”

这说明概念在幼儿的头脑中只是具体事物的符号，并不是事物的一般的、本质特征的反映。因而，对具有一定相对性或抽象性更高的空间概念、时间概念、关系概念、道德概念及政治概念等，更难正确掌握。

抽象逻辑思维能力是智力的核心。要培养儿童的智力，就要注意逻辑思维能力的培养。但幼儿的抽象逻辑思维的水平还很低，父母和老师在教育过程中，切忌简单行事，不要把不易掌握的抽象概念硬灌输给幼儿。心理学家及教育专家根据幼儿思维发展的特点，提出应从以下几方面培养幼儿的抽象逻辑思维能力。

学习分类的方法

对事物的分类，既可以根据颜色、形状、季节性、用途等标准，也可以按主要特征、概念名称等标准。这时一定要根据孩子的年龄和心理发展规律，安排难度恰当的任务来培养幼儿的分类能力以及其他思维能力。

例如，对3岁前后的孩子来说，分类练习必须是最简单的；实物或图片必须是孩子非常熟悉的，而且数量不能太多；父母或老师提要求的语言必须浅显直观，否则孩子便听不懂成人的意思，更谈不上完成分类练习了。可以把常见的实物或图片放在孩子的面前，然后说："请你把红颜色的和红颜色的放在一起，把黄颜色的和黄颜色的放在一起。"如果一大堆物品中，有蔬菜、水果、玩具等，那么可以对孩子说："请你看看这些东西，把能吃的放在一起，把能玩的放在一起。"

表4–1　不同年龄幼儿的分类能力

年龄	分类能力	例子
2～3岁	随机分类	把一只狗和一只苹果分在一起。"因为狗叫，并且你可以吃苹果。"或者："我喜欢狗并且我喜欢苹果。"
3～4岁	按知觉分类	把桌子和椅子分在一起是因为它们都有四条腿；把大象和卡车分在一起，是因为它们都很大；把青蛙和树分在一起，是因为它们都是绿色的。
4～6岁	按功能或主题分类	将生日蛋糕和生日蜡烛分为一类，是因为它们都属于生日用品；把狗和骨头分在一起，是因为狗能够吃骨头；把人和卡车分在一起，是因为人能开卡车，等等。
6～9岁	按概念分类	把燕子、麻雀和飞机分在一起，是因为它们都能飞。能够按动物、家具、衣服等概念进行分类。

掌握一些空间概念

成人往往以为孩子天生就知道“上下左右，里外前后”等空间概念，实际并非如此。父母可利用日常生活中的各种机会引导孩子，比如，可以对孩子说：“请把勺子放在碗里。”对于孩子来说，掌握“左右”概念要难些。父母可以和孩子做一些空间游戏来培养孩子对空间方位概念的理解。例如：

先准备一把椅子、一只玩具狗（或其他动物玩具）、一辆玩具卡车和一只纸箱子。然后父母用讲故事的形式，对孩子说：“小狗累了，想坐到椅子上去休息，你能帮助他吗？”孩子照办后，家长接下来一边讲故事，一边请孩子继续做下去。

“小狗休息好了，想从椅子上跳下来，请你帮助……好，谢谢！”

“前面来了一只大灰狼，小狗想躲在椅子的后面……好的，你真帮了大忙！”

“大灰狼走了，小狗要到椅子旁边去翻跟斗……好，连翻了三个，真有趣！”

“小狗玩累了，来到椅子下面打瞌睡……呼噜噜、呼噜噜……”

“哦，他睡醒了，想爬到卡车里……带他去兜风吧！”

……

最后，父母代表小狗向孩子表示感谢和赞赏。

孩子在生动的游戏中能正确判断不同的空间方位，掌握相应的词汇，并且能在今后的日常生活中正确运用。

理解基本的数字概念

不少学龄前儿童，有的甚至在2岁时，就能从1“数”到10，甚至更多。与其说是在“数数”，不如说是在“背数”。父母在孩子数数时，不能操之过急，应多一些耐心。让孩子从边数数边用手摸物品，逐渐过渡到用眼睛“默数”。日常生活中，能够用数字准确表达的概念，父母应尽量讲得准确。同时，还应注意使用“首先”“其次”“第三”等序数词。也可用日常生活中的数字关系，帮助孩子掌握一些增加或减少的概念。

如前所述，幼儿的思维发展总趋势是由直观行动思维发展到具体形象思维，最后发展到抽象逻辑思维。幼儿早期以直觉行动思维为主，中期以具体形象思维为主，末期抽象逻辑思维开始萌芽。这个发展顺序和整体特点是固定的、不可逆的。

但这并不意味着这三种思维方式之间是彼此对立、相互排斥的，而是交叉式向前发展的。比如，不是说一过了6岁生日抽象逻辑思维突然就发展起来了，它有个循序渐进的过程，前一个阶段的发展要为下一阶段的发展奠定基础。

在3～6岁幼儿的思维结构中，三种思维方式相互联系、相互配合、相互补充的现象很普遍。这一阶段，在幼儿思维结构中占优势地位的是具体形象思维；但当遇到简单而熟悉的问题时，幼儿能够运用抽象逻辑思维；而当遇到的问题比较复杂、困难程度较高时，又不得不求助于直觉行动思维。

躲猫猫游戏

——客体永久性概念的发展

一位妈妈正在陪9个月大的儿子玩耍，她用自己的双手把孩子的眼睛遮住，并问道："妈妈在哪儿？"3秒钟后，她说："妈妈在这儿呢！"并把手迅速拿开，让孩子看到自己。另一位妈妈与她12个月大的女儿玩同样的游戏，女儿也很高兴。一个15个月大的男孩看到两个月未见的爷爷，便会掀起衬衫遮住自己的眼睛，就像爷爷上次来看他时所做的一样。

躲猫猫游戏能够促进婴儿非常重要的一种思维能力——"客体永久性"概念发展。

客体永久性，指的是当一个物体或人离开视线后，婴儿能够意识到其仍继续存在。在儿童心理学家、发生认识论创始人皮亚杰看来，2岁前的幼儿思维发展的最大成就之一就是获得了"客体永久性"概念。

从"眼不见，心不想"到"眼不见，心却能想"

皮亚杰认为婴幼儿"客体永久性"概念的发展经历了几个阶段。

0～4个月大时，婴儿并没有客体永久性的概念。

4～8个月大时，婴儿会寻找部分被隐藏的东西，但不能找到完全被隐蔽的东西。但是如果最终没有找到，那么这个东西对他们来说就相当于不再存在了。例如，正在玩的物体被完全移到幕后时，婴儿只是缩回伸出的手。从他的反应看，好像物体已经消失。

a.眼见为实

b.眼不见，心不想

图4-2　客体永久性概念尚未建立

8～12个月大时，婴儿能找到完全隐藏的东西。例如，将玩具用毯子完全盖上，婴儿会揭开毯子找到它。这表明此时的婴儿已经知道：即使物体看不到，它们依然是存在的。但是，皮亚杰发现一个有趣的局限：当把某件物品藏在A处时，婴儿能找到它；然后，把物品放在B处，婴儿仍然会到A处寻找它。

1～1.5岁大时，婴儿便不再犯这类错误，他们将到物品最后被藏的地方去寻找。然而，如果没有看到物品被藏在某个地方，他们不会去那个地方寻找。

1.5～2岁大时，婴儿完全获得了客体永久性概念，即使没有看到物品被藏起来，孩子也会去寻找。例如，这一阶段婴儿能够找到绕着沙发迂回滚到沙发下面的一只球。

一些心理学家提出，皮亚杰很可能低估了婴儿的认知能力，婴儿可能在1岁左右已经完全获得了客体永久性概念。不过，毫无疑问，从“眼不见，心不想”到“眼不见，心却在想”，客体永存性的获得是儿童早期认知发展中的“哥白尼式革命”，是一个重要的里程碑。它标志着儿童从局限于当时当地的身体动作中解放出来，认识到物体的位置转换和永久存在性。

躲猫猫游戏对孩子益处无穷

亲子课上，妈妈带着12个月大的甜甜玩“塞球球”游戏。甜甜先拿起海洋球，然后丢出去，再捡回来，仔细端详着。这时，妈妈说：“甜甜，放到洞里。”并拿起球示范着塞进带盖箱子的洞里。可是，甜甜对妈妈不理不睬，仍然按自己的方式玩儿。

这时，妈妈有点儿急了，抓起甜甜握着海洋球的手就往洞里塞，眼看着连手都要被塞进去了，可甜甜就是不肯松手。妈妈使劲儿抖甜甜的手，球终于被甩进了塞放箱里。妈妈长出一口气。

可是，甜甜却急了，赶快趴在箱子上朝洞里看，并伸手进去，嚷着一定要把球再拿出来。这时，妈妈赶紧把箱子盖打开，让她拿到球，甜甜才停止叫嚷。不过，妈妈也惊奇地发现，她喜欢将球扔进没盖盖子的箱子里。

很多妈妈发现：宝宝拿起球能够在提示下准确地找到塞放箱上的洞，却不肯把球塞进去。即使球塞进了塞放箱，宝宝也会使劲儿朝洞里看，看到球在箱子里才放心，或把手伸进洞里努力要把球取出来，或使劲儿摇晃箱子，试图把球摇出来。

婴幼儿普遍都不肯把球塞放到容器里，这显然与家长的要求不符，这些表现经常被成人误读为“记忆力不好”“搞破坏”等，以至于造成亲子冲突。其实，这些行为都表明宝宝正在形成客体永久性概念。

对于家长来说，发展婴幼儿客体永久性概念的方法就是经常和宝宝玩躲猫猫游戏。在游戏中，他们会逐渐认识到，那些暂时看不到的人和物其实并没有消失，从而能更好地掌握客体永久性的概念。下面是几个躲猫猫游戏的案例。

游戏1：妈妈让宝宝躺着或靠被子坐着，让宝宝看着自己的脸。然后，妈妈用双手蒙住宝宝的眼睛，并说道："妈妈不见啦！"几秒钟后，再说："妈妈出现了！"同时把手迅速拿开，让宝宝看到自己。宝宝会高兴得手舞足蹈。当妈妈蒙住孩子的眼睛时，一定要发出声音（比如"喵——喵——"），让宝宝知道你在身边，因为宝宝最怕看不到妈妈，会因此而大哭起来。

游戏2：换个方式玩游戏。把干净的手帕轻轻蒙在宝宝脸上。宝宝第一次被蒙住脸可能会不知所措，这时妈妈可以握住宝宝的手帮他把手帕拿开，并在这个过程中说："喵——喵——妈妈出现了！"多次练习以后，宝宝就逐渐学会自己拿下手帕了，并且会乐此不疲。

游戏3：和会爬的宝宝玩"藏东西"游戏。将宝宝喜欢的玩具藏起来，但要留下让孩子寻找的线索。比如，露出玩具的一个小角，让平整的床单鼓起来，等等。引导宝宝自己爬过去寻找。整个玩具如宝宝所料出现在眼前，会给宝宝带来很大的快感。

随着宝宝渐渐长大，他们会从游戏中慢慢学会自己去找那些要找的东西，并获得有关各种方位的概念。4～5岁的儿童已经开始能和小伙伴一起玩有更多规则的捉迷藏游戏，并在游戏中学会观察周围的环境。

躲猫猫游戏对于婴幼儿还有其他很多意义：夸张的表情动作和抑扬顿挫的语调能给孩子直接感官刺激；在游戏中，藏起来不让别人发现和经历"千辛万苦"的寻找终于发现，带给孩子无限的兴趣和乐趣；妈妈的重新出现会让孩子感到愉悦；能够帮助孩子在妈妈离开时控制焦虑情绪；能够帮助孩子练习集中注意力；等等。

"孔融让梨，因为他爱吃小的。"

——幼儿的自我中心思维

两个男孩和他们的姨妈一起去商店给妈妈买生日礼物。7岁的哥哥为妈妈挑选了一串珠宝，而3岁的弟弟给妈妈选择了一辆玩具小汽车。弟弟小心地把自己给妈妈挑选的礼物包好，期待着妈妈的欢喜和表扬。

两家大人和孩子聚在一起玩儿。A家小朋友非常想玩B家小朋友的玩具，但B家小朋友就是不愿意借给他玩儿。相持不下之时，A家小朋友去抢那个玩具。看到这样的情况，A家父母强行拉开自己的孩子，打骂他没规矩，让他拿自己的玩具玩去；B家父母指责自己的孩子太小气，从孩子手里夺过那个玩具交给对方小朋友玩儿。结果，两个孩子谁都不高兴，哭闹起来，搞得家长们更加难堪，也特别生气：孩子真是太小气了，真不像话！

上面的第一个故事中，弟弟自己喜欢玩具小汽车，就认为妈妈也喜欢。第二个故事里，两个孩子为了同一件玩具争执不休，生活中也随处可见由争执到吵闹甚至打斗的情况，或有的孩子宁愿自己拿着玩具不玩儿，也不愿给别人玩儿。这些行为都是正常的，这是幼儿"自我中心"思维的体现。

原来是自我中心在作怪

“自我中心”是指儿童只从自己的角度看问题，而意识不到别人的观点。例如，当自己的汤是热的时，就认为别人的汤也是热的。这个概念是由著名心理学家皮亚杰提出的。

幼儿这种以自我态度和观点为中心来认识事物，认为其他人眼中所看到的世界和自己所看见的完全一样的思维特点，具体表现在皮亚杰经典的“三山实验”中。

图4-3　三山实验

◎三山实验 实验者先让幼儿围着桌子转圈，从不同角度观看山地模型。然后，让幼儿坐在桌子的一侧，让另一个人坐在桌子的另一侧，问幼儿在桌子对面的人看到的是什么，或者提供4张在桌子四侧拍摄的模型照片，让幼儿从中选出一张表示桌子对面的人所见景象的照片。结果表明，6岁以下的幼儿经常认为他人看到的和自己看到的是相同的，这说明幼儿在对事物做出判断时是以自己的观点为标准的，不能站在别人的立场看待问题。

幼儿对社会问题的判断也表现出这一点。例如，一位妈妈给自己4岁的孩子讲孔融让梨的故事，讲完之后问孩子，孔融为什么要让梨。孩子回答：他喜欢吃小的。这也表明幼儿不能利用别人的观点，只是依据自己的经验和想法来判断别人的行为和思想。

自我中心是幼儿思维的突出特点，尤其以3～4岁的幼儿表现最为明显。具体体现有以下几点。

不能从他人的角度思考。比如，问一个小女孩：“你有姐姐吗？”“有，我姐姐是佳佳。”过了一会儿问她：“佳佳有妹妹吗？”她摇头。她只从自己的角度看佳佳是姐姐，而不知从姐姐的角度看自己是妹妹。她不能转换思维的角度，缺乏逆向思维的能力。

以为世界是为自己而存在的，一切都围拢着自己转。比如，孩子会说：“我一走路，月亮就跟我走。”“花儿开了，因为她想看看我。”或者不由分说地抢玩具，一边抢一边说：“我的、我的！”当老师告诉他不能抢玩具时，通常都是若无其事地说：“我要玩。”

具有泛灵论倾向。儿童认为一切都有生命、有感知、有情感、有人性。幼儿会说：“你踩在小草身上，它会疼哭的。”

自我中心是儿童心理发展的必经阶段，是幼儿思维的核心特点之一。幼儿在大多数场合下认为外部事物就是他直接看到的那个样子，而不能从事物的内部关系来观察事物。幼儿对事物的认识具有很多错觉。这种错觉典型地表现在“守恒实验”中。

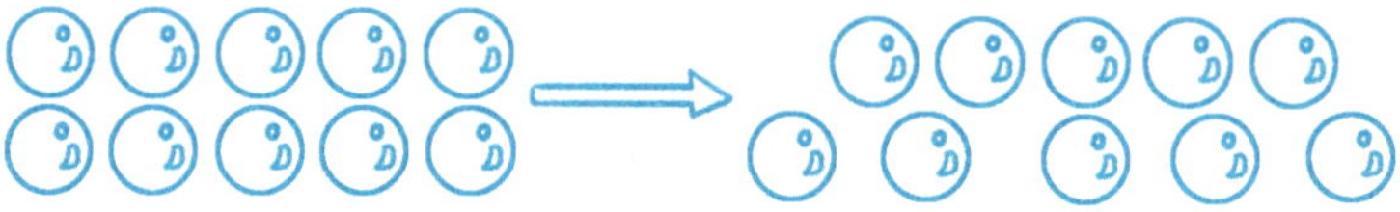

a.数量守恒实验

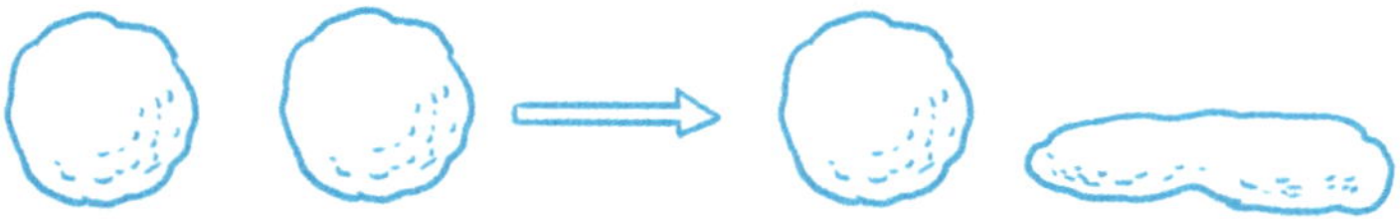

b.质量守恒实验

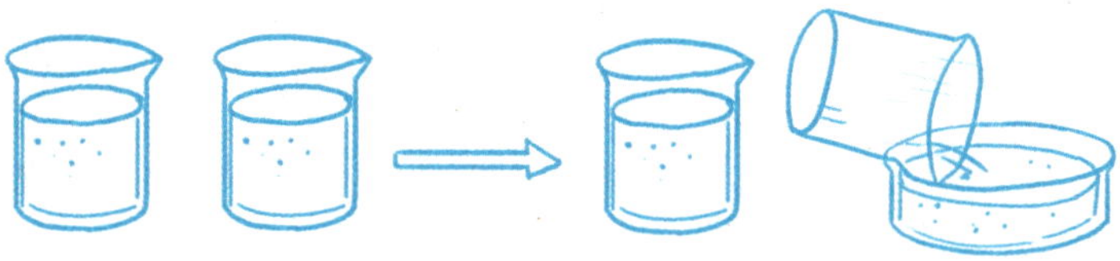

c.容积守恒实验

图4-4　守恒实验

◎**数量守恒实验**　把数量一样的两排珠子一一对应地排列起来，幼儿认为是一样多的。然后，把其中一排珠子间的距离拉开，幼儿认为那排间距大的珠子数量多。在这个实验中，幼儿表现为数量不守恒。

◎**质量守恒实验**　把两团相同的橡皮泥搓成两个圆球，幼儿认为重量是一样的。然后当着幼儿的面将其中一个圆球搓成“香肠”，再问幼儿橡皮泥圆球和香肠是不是一样重。一部分幼儿认为圆球重，因为圆球大；而另一部分幼儿认为香肠重，因为香肠长。在这个实验中，幼儿表现为质量不守恒。

◎**容积守恒实验**　两个相同的杯子装有相等液面的水，幼儿认为两个杯中的水一样多。然后，当着幼儿的面将其中一个杯子的水倒入一个又矮又粗的杯子里，这时两杯水的液面不一样高。大部分幼儿认为液面高的杯子水多。在这个实验中，幼儿表现为容积不守恒。

实验表明，当物体的表现形式改变后，幼儿就认为数量、质量、容积变化了，表现出“不守恒”的认知现象。

谨防独生子女的危机：自我中心主义

自我中心是儿童心理发展过程中的一个正常现象，与成人眼中的自私自利是有极大区别的：自私自利是有意识的、道德上的行为，自我中心是无意识的、认知上的行为。

在活动中，儿童会不断地协调自己与外界的关系，逐步解除自我中心，即进入“去自我中心化”的过程。他们逐渐明白：自己只是许许多多成员组成的世界中的一个成员，世界并不是以“我”为中心的。

值得一提的是，并不是每个人都能保证消除自我中心思维。如果孩子到了7岁时还没有摆脱“自我中心”，仍然是以自己的观点去看待问题，他就会过分看重自己的需求和利益，不采纳不同的意见，不接受和他认识不一致的人。父母和老师如不给予正确引导，孩子将来很可能会逐渐演变成自我中心主义者。成年后，他们遇事或与人相处时习惯以自己的观点、情绪为主，很少顾及别人的感受，长此以往，可能会造成社交障碍，影响生活和工作。

现在很多孩子是独生子女，在家中拥有很高的地位，家长如果不注意对孩子去自我中心的思维训练，将会强化他们的自我中心思维。

不要助长孩子“一切以我为中心”的心理

一天，茜茜的妈妈下班回家，带回了茜茜最喜欢吃的巧克力。妈妈让她拿出几块分给奶奶，可茜茜就是不肯。爸爸严厉地批评了她，她干脆躺到地上大哭起来，说：“是我的，你们不能吃！”奶奶赶忙过来哄：“爸爸逗你玩的，我不吃……”茜茜这才停止哭闹，拿着巧克力笑了。原来，茜茜从小一有好吃的，爸爸、妈妈、奶奶总是让她一个人吃。久而久之，茜茜觉得好吃的东西就应该自己一个人吃。

由于年龄小，孩子本身就会有自我为中心的阶段性思维特征。如果家长围着一个孩子转，事事溺爱、顺从、迁就孩子，对孩子千依百顺，有求必应，这样就容易加强孩子“一切以我为中心”的心理。长此以往，孩子就不会去关心别人的需求和感受，变得唯我独尊，自私任性，蛮横无理，不敬长辈，攻击性强，虚荣攀比；不能与同伴和平相处，稍不合自己的脾气和意愿，就做出有意的、破坏性的对抗行为，如大声喘息、拼命号叫、哭泣不止，这样只能使同伴渐渐地远离他。如果长期缺少与同伴的交流，孩子在社会性方面的发展就会遇到障碍。

父母应改变这种对孩子过分保护、溺爱、顺从的态度，改变以孩子为中心的家庭关系模式。家长要爱得适可而止，不把孩子当太阳看，不要无限度地满足孩子的需要。父母要让孩子懂得：凡事不能只想到自己，要多想想别人，并不是自己所有的需要都该满足，要学会克制，要懂得没有人可以任意妄为。父母应要求孩子做一些力所能及的事情（如简单的家务），让他们学会珍惜别人的劳动。

家长要让孩子知道他只是家庭成员之一，家庭成员之间应该互相关心、懂得分享。当孩子有分享行为时，家长要及时表扬。需要注意的是，家庭成员之间应保持教育的一致性，当孩子把东西给你吃时，不应该说“我不吃，给你一个人吃”之类的话，从而给孩子造成“好东西都应该归自己”的暗示。

引导孩子在解决同伴冲突中逐渐克服自我中心思维

孩子们在一起玩儿时，经常是一个想玩对方的玩具，另一个偏不给他玩儿，闹得不可开交，又哭又闹。在游戏的过程中，孩子之间发生矛盾是常有的，是不可避免的。对于儿童之间的摩擦冲突，父母应有正确的认识，切不可因为怕孩子在同伴中受欺负而把孩子与同龄人隔离起来，也不要有意给孩子灌输强占便宜、不吃亏的观念，刺激孩子的霸道行为。这两种极端的培养态度都容易造成孩子不良的性格品质。

父母在处理孩子之间的冲突、矛盾时，可以按照以下步骤引导孩子。

第1步：让抢玩具的小朋友了解到别人的玩具是属于别人的，要尊重别人的所有权。如果想玩别人的玩具，可以跟小朋友商量。如果小朋友同意，可以交换玩具；如果小朋友不同意，那么就去找其他小朋友玩儿。

第2步：鼓励不愿分享玩具的小朋友和其他小朋友分享自己的玩具。但不可以强行把B小朋友的玩具拿给A小朋友玩儿。

第3步：如果两个孩子中有一方放弃或改变自己的想法，那么问题就解决了。如果双方僵持不下，再试图让他们自己去解决。除非矛盾升级到父母必须介入，否则父母应多引导、少干预，最好是让孩子自己去协商解决。父母尽量不干预、不裁决孩子的争吵，要有让孩子吃亏、吃苦头的宽容心。即使自己的孩子吃了亏，只要不损伤身心健康，不妨就受点儿委屈，这是在教给孩子要宽容、谦和地待人。

第4步：设身处地为他人着想。矛盾的产生，一般都是双方的责任。父母要分清是非，孩子有错就要进行说服教育，认错道歉，让孩子从他人角度来考虑如何解决协调冲突，培养为他人着想的观念。

第5步：平时教给孩子一些交往技能，如轮流、分享、协商、合作等观念意识。有意识地培养孩子学会自我控制，调整和伙伴之间的相互行为和关系。

总之，让孩子面对“争论和冲突”具有重要意义。儿童只有通过连续地跟别人交往和交流，尤其是这些活动常常引起彼此意见不同的争论和冲突时，才能体会到别人观点、立场的存在与不同，才能学会从他人立场、角度去考虑问题并协调自我与他人的关系，才能使孩子体验到合作共享，促进他们去自我中心化。孩子摆脱“自我中心”越顺利，与他人的交往、合作就越顺利，在生活和学习中也会表现得越出色。

什么都爱学大人

——幼儿的模仿能力

某电视台播放的一则公益广告非常具有教育意义。

晚上，一位年轻母亲在给自己的儿子讲完睡前故事后，去给孩子的奶奶端洗脚水洗脚。当妈妈给孩子的奶奶洗完脚，回到自己的房间里时，发现儿子不见了，这时回头一看，只见她的儿子正吃力地端着满满的一盆水，蹒跚地走过来，童声童气地说："妈妈洗脚。"妈妈欣慰地笑了。随后电视画面上跳出一行字："其实，父母是孩子最好的老师。"

孩子的模仿能力非常惊人

婴儿躺在垫子上，父亲的脸对着他，伸出舌头，婴儿也伸出舌头，父亲笑了，婴儿也报之以微笑。这是婴儿在出生三四天后就会出现的模仿行为。

孩子从降生的第一天起，就开始模仿了。模仿是孩子的一种天性。所以，千万不要把初生的婴儿当成什么也不懂的孩子。

美国心理学家、社会学习理论创始人班杜拉通过一系列的实验证实，儿童通过观察榜样进行模仿来学习。因此，设置一定的社会情境，树立一定的榜样，使儿童有意无意间进行模仿，可以有效促进儿童品德的形成和发展。在这里介绍其中非常经典的一个实验。

班杜拉将3～6岁的幼儿分为甲、乙两组。在实验的第一阶段，让两组儿童分别看一段录像片，甲组儿童看的录像片是一个大孩子在打一个玩具娃娃，过一会儿来了个成人，给大孩子些糖果作为奖励。乙组儿童看的录像片，开始也是一个大孩子在打一个玩具娃娃，过一会儿来了个成人，为了惩罚这个大孩子的不好行为，打了他一顿。

看完录像片后，班杜拉把两组儿童一个个送进一间放着一些玩具娃娃的小屋里。结果发现，甲组儿童都会学着录像片里大孩子的样子，打玩具娃娃。而乙组儿童却很少有人敢去打一下玩具娃娃。

这一阶段的实验说明，对榜样的奖励能使儿童表现出榜样的行为，对榜样的惩罚则使儿童避免榜样行为。

在实验的第二阶段，班杜拉鼓励两组儿童学录像片里的大孩子打玩具娃娃，谁学得像就给谁糖吃。结果再把两组儿童一个个送进放着玩具娃娃的小屋，两组儿童都争先恐后地使劲儿打玩具娃娃。

这说明通过看录像，两组儿童都已经学会了攻击行为。第一阶段乙组儿童之所以没有人敢打玩具娃娃，是因为他们害怕打了以后会受到惩罚，从而暂时抑制了攻击行为，而当条件许可，他们也像甲组儿童一样，把学习到的攻击行为表现出来。

在实际生活中，1岁左右，孩子逐渐步入一个模仿的最佳和最盛时期。首先自然是从身边的爸爸妈妈开始，从表情到语气，从一声咳嗽到一句感叹，从周围的环境开始，例如电视、电影，只要是能够引起孩子注意力的、容易刺激到孩子感情的，都是孩子最直接的模仿目标。

当2岁时，大部分孩子开始对成年人如何使用物品产生很大的兴趣。因此他会热衷于模仿爸爸刮胡子，妈妈打电话。父母炒菜，他也炒菜；父母扫地，他也扫地……只要是他见到的活动，他都会印在脑子里，然后付诸实践。

3岁左右，孩子的模仿活动最为活泼。比如喜欢模仿说话有口吃的大人，但一再模仿之后，自己也很可能变成口吃；和害怕飞机的孩子一起玩儿，自己也很可能变得害怕飞机。平时在家吃饭很挑食，让他和同龄孩子一起吃饭，会比之前明显吃得要多，这其实就是孩子的一种模仿行为。

孩子“学坏”很容易

在生活中我们常常有这样的感受：为什么孩子模仿大人好的行为，不如坏的快呢？或者说：为什么孩子学坏比学好更容易呢？这可能是出于如下原因：

攻击、破坏、放纵是动物的本能。

弱肉强食，争夺支配权的断杀是动物界生存力的表现，最强悍、放纵的动物总是能得到环境生存和繁育后代的权利；而顺从、软弱的动物都一批批地被淘汰。

偷懒、欺负人、欺骗、贪心能满足人的低级需要，多受生存驱力影响；而守纪律、讲信用、诚实，都属于人的社会习得行为，需要克制和训练，需要意志力和理智的裁判。

从这些角度看，好的行为是需要后天进行培养的。

令人担忧的是，现在的孩子越来越早熟，他们比以前的孩子更早“学坏”。研究人员发现，3～11岁的儿童是说谎的“天才”。当然，他们不是时时刻刻都在说谎，但当他们说谎时，完美得让人惊讶。

而父母是孩子的首要模仿对象，一句话，一个眼神，一个动作，往往都会成为孩子的模仿目标。孩子学坏，往往是跟家长学的。

3～6岁的幼儿辨别是非、分辨对错的能力极其微弱，只是简单的模仿。家长一些不良的行为和语言的频频出现，无疑是对儿童的一种反复强化过程。这个负面的强化过程，就会让儿童习得这些不良行为和语言。而且越是聪明的孩子，其接受能力、记忆能力、模仿能力越强。

这个年龄段的幼儿一旦沾染上不良的行为和语言习惯，往往会影响到以后的成长乃至整个人生。此外，纠正这些儿童的不良语言和行为，通常需要相当长的一段时间来进行“淡化教育”。

为孩子树立良好的榜样

俗话说：“跟什么人学什么样。”此话不全对，但有一定的道理。人最后成长为什么人，和先天的遗传有关系，更和后天的教育和环境有关系。一位著名的心理学家曾经说过：“给我12个健康孩子和一个特殊环境，不管他们的才能如何、倾向如何，我都可以随心所欲地把他们培养成科学家、医生、盗贼、乞丐。”“孟母三迁”的故事，也强调了榜样和教育环境的重要性。

家庭教育在更大程度上是一种渗透式的教育，我们自身为孩子提供的参照和潜移默化的示范，对孩子的影响极其深远。身教胜于言传，爸爸妈妈的一举一动、一言一行都是孩子的榜样。所以，提升自我、改良家庭的环境是每一个家长必尽的责任。

严正自己的言行

在前文提到的公益广告里，年轻母亲给孩子的奶奶端水洗脚，被孩子看在眼里，于是孩子也去端了一盆水过来帮妈妈洗脚，这正是榜样的力量。

父母决不能严以待人、宽以律己，给自己种种借口，放肆随意，而对孩子的行为进行种种限制。父母一定要注意，生活中下面的这些言行和习惯最容易被孩子模仿，应该减少和杜绝。

脾气大，随时发。父母不能控制自己的情绪，更可怕的是总在孩子的面前爆发。这会给孩子造成很大的心理负担，增加他的恐惧情绪，也容易影响孩子，让他也成为一个暴躁的人。要学会管理自己的情绪，实在没办法控制的时候，也不要当着孩子的面爆发，要给孩子一个良好的家庭氛围。

当着孩子宣泄各种不满。工作有压力，朋友间有误会，夫妻间出现争执，如果家长毫无遮拦地当着孩子的面说，或直接向孩子倾诉，说这个不好、那个不对，那么孩子很可能慢慢学会找别人的毛病，而不能审视自身的错误。

说谎。有时候，家长根本没有意识到自己在说谎，甚至为自己的谎言沾沾自喜。这一切，都会被孩子看在眼里。孩子会觉得说谎不是错，那么他也可能拥有这种“品质”。要珍惜孩子的信任，承诺孩子的事情一定要做到。无论孩子在不在场，都要争取做一个有诚信的人。

做事拖拉，没有时间观。父母做事总是拖拖拉拉，一点儿时间观念都没有，孩子受其影响也没有时间观念，对不守时、迟到之类的不良事件没有正确的认识，日后就很容易出现类似的问题。平时做事一定要按计划进行，严格按规定的时间完成，不要总是“来日方长”。从小给孩子灌输正确的时间观，让他们了解时间的重要性。

没有礼貌。家长平时“出口成脏”，孩子自然会有样学样，成为一个没有礼貌的人。

正确引导孩子模仿

孩子什么都想模仿，他们对周围的事物极感兴趣，希望像成人一样做各种事。他们认为最刺激的事也最愿模仿，诸如学电影或电视剧中的坏人，吸烟、打、杀、踢、斗、戴墨镜。

这时，成人要正确引导，教会孩子有选择性的模仿。如模仿医生看病，孩子会用椅子摆成医院，像模像样地给布娃娃听诊、开药；还会用小推车推着娃娃去公园玩；或摆家家，模仿做家务活，当服务员。这种创造性模仿可增加生活知识，学会生存，树立为别人服务的意识。

当孩子模仿的是正面形象时，父母要给予鼓励；当孩子模仿负面形象时，父母要耐心进行教育和引导，但切忌对孩子大吼大叫。

孩子为什么总爱问“为什么”

——孩子的好奇心

天空为什么是蓝色的？

飞机为什么能在天上飞？

为什么有时候在白天也能看见月亮？

狗看见熟人时为何摇尾巴？

为什么小鸡的嘴巴是尖的，小鸭的嘴巴是扁的？

长颈鹿的脖子为什么那么长？

为什么爸爸有胡子，而妈妈没有？

我为什么一定要去幼儿园？

我只喜欢吃肉，为什么一定要吃蔬菜？

……

好奇心强是幼儿的一大特征。对于孩子来说，身边的世界是那么陌生、新鲜和神秘，在他的心灵中充满了探索、求知的欲望，往往爱提“是什么”和“为什么”的问题。

好奇是孩子的天性，是幼儿学习的动力和内驱力，是幼儿探索科学奥秘、学会创造未来的种子。好奇心就像性能优秀的赛车引擎，保证赛车勇往直前，在激烈的竞争中遥遥领先。

正确回答孩子的提问

随着幼儿的成长，提问也会越来越多。如："水是怎样变成冰的？""太阳怎么不掉下来呢？""闪电和打雷是怎么回事？""螃蟹为什么会横着爬？""我是从哪里来的？"

孩子常常会提出一些幼稚甚至让人捧腹大笑的问题。对于一个你觉得简单、已作答的问题，他会刨根问底，问了一遍又一遍，不厌其烦，让人难以招架。对此家长不应感到厌烦。一个孩子喜欢问为什么说明他好奇心强、求知欲旺盛。这是好现象，家长应为此感到高兴。

那么，当孩子提出问题的时候，父母有哪些应对技巧呢？

欢迎并鼓励孩子提问

为什么有的大人对于孩子的好奇心不能理解，甚至不耐烦呢？那是因为孩子问的问题，大人早就知道了，大人觉得这些问题没什么可问的。但对于孩子来说，这些都是未知的。切忌说出伤害孩子自尊的话，比如："你怎么这么烦呢！""你没看我正忙着吗，一边玩去！""你真傻！"

不管幼儿提出的问题多么幼稚可笑，幼儿的见解显得多么离奇，家长首先要换位思考，理解孩子好问的心理，尊重孩子的好奇，允许孩子提问。家长具体可以这样做：放下手头的事情，弯下腰，目光注视孩子，用点头和微笑鼓励他，并且用语言表达对问题的兴趣，比如："这个问题很有意思。""真有趣！我怎样没有想过这个问题？""你这么爱提问我真的很高兴。""哦！""是吗？"

a.家长显得不耐烦

b.家长给予正向引导

图4-5　呵护孩子的好奇心

正确解答

对于孩子能理解的简单基础知识，应及时问答，一语道破。

对于生理知识，根据孩子的年龄和理解能力，家长可以采取直接明了的回答或推到适当的时候，但都要给一个合理的答复。比如幼儿问："我是从哪里来的？"可以告诉他："你先在妈妈的肚子里生长9个月，然后才降生的。"也可以找机会让幼儿观察怀孕阿姨的样子。这种回答比回避好，更比欺骗幼儿说"你是从地里刨出来的"等违背科学的说法要好得多。

对于是非问题，包括容易产生错觉的文化知识、生活常识、如何做人等方面的问题，必须不折不扣地说清楚、讲明白，避免给孩子造成思想上的混乱。

对于复杂的、一时难以回答的问题，家长不可含糊其辞，要如实告诉孩子："这个问题，我也不太清楚，让我查一查书再来告诉你。"争取给孩子一个圆满的回答。这不仅是对孩子好奇心和求知欲的一种鼓励和满足，也教会幼儿尊重科学知识、严谨治学等态度，也能使成人从孩子那儿得到更大的信任。

启发孩子自己去找答案

有时对孩子的提问，父母可以不立即告诉孩子答案，而是进一步提出一个疑问和悬念，和孩子一起去寻找答案，激发他们的兴趣，让他们通过观察、探索来找到正确的答案。

比如在回答孩子问题之前，父母也可以让孩子先讲述他们的想法，然后做类似这样的回答："这真是个好问题！你猜猜蛇怎么游动的？""这真有趣，我还没有想到呢，你觉得天空为什么是蓝色的呢？""是呀，你觉得蚊子为什么会粘在蜘蛛网上呀？"

再如，一个孩子玩滚铁环的游戏，突然发现"直着滚比绕着弯滚早到终点"，然后问这是为什么。这时，爸爸就拿着尺子和孩子一起量了直线的长度，再量曲线的长度，使孩子明白：两点之间，直线距离最短。孩子可能会立刻悟道："爸爸，我到学校应该走那条直道，而不应该绕弯走附近那条道，因为那条不是直线，自然要绕远了。"

正视孩子的“破坏行为”

爱迪生小时候是个十分淘气的孩子。有一天，他对青草不会燃烧，而枯草却可以燃烧感到怀疑，于是自己跑到仓库里，用火点燃了干草堆，实地试验了一下，不料却酿成火灾，把父亲囤积的草料付之一炬。生活中孩子们的破坏行为也很多，拆、毁物品，屡见不鲜。

父母不能一味批评，更不要扼杀孩子的好奇心，否则就可能扼杀了未来的人才，因为生存的技巧就在于你敢不敢去探索知识、探索未来。

成人切不可训斥孩子，也不必发誓不再给他玩玩具。其实在大多数情况下，孩子拆玩具等“破坏行为”正是他好奇心的表现。儿童为什么喜欢拆玩具呢？意大利著名教育家蒙台梭利说：“这是因为他想知道这件东西的构造。他在寻找玩具里面是否有有趣的东西，从外观上看玩具没有一点使他感兴趣的地方。”孩子能拆开玩具，说明孩子有求知的欲望，能自己去发现问题、研究问题。因此在肯定和鼓励孩子探索行为的基础上，家长可以简单地向孩子讲清玩具的构造、原理和正确玩法，然后和孩子一起把玩具修好。这样一来不仅能鼓励和发展孩子的求知欲、探索精神，还能培养他爱惜玩具、爱劳动的品质。

家中的贵重东西，尽量放在孩子看不到的地方；多提供一些廉价、安全、可拆装的玩具，让孩子尽情地探究和摆弄。这样既满足了孩子好奇探索的心理，又不会造成玩具的损坏。

提供丰富多样的操作材料，满足孩子好奇心。给孩子提供一些做小实验的材料和工具，如磁铁、电池、纸、水、放大镜、海绵、小木块、凹凸镜等。让孩子做各种有趣而简单的实验，如“摩擦生电”“光的折射、反射”“沉与浮”等。在这里，孩子步入了科学的王国，他们动手动脑，一遍又一遍地尝试。还可为孩子提供材料，让他们自己动手制作，因为成品不能激发孩子的创新灵感，而且限制了孩子的想象力和创新思维的发挥。

a.消极的训斥

b.积极的引导

图4-6　正视孩子的“破坏行为”

陶行知先生曾提出对幼儿的6个解放，即解放幼儿的嘴、解放幼儿的双手、解放幼儿的大脑、解放幼儿的时间、解放幼儿的空间。从而达到最大限度地保护幼儿的好奇心，激发幼儿的求知欲，促进幼儿独立思维和创造性思维的发展。

因此，对于幼儿的好奇心，父母应采取积极保护的态度，肯定其勇于探索的精神。

Part 5

语言
——孩子自我表达的工具

语言既是人类最重要的交际工具，也是人们智力发育的基础。婴幼儿时期是语言发展的关键时期和最佳时期。这个时期，婴幼儿语言发展非常快，词汇量日益增加，已经能简单、连贯地叙述见闻、表达思想。

如果错过了语言发展的最佳阶段，或忽视了对婴幼儿的语言教育，就会延缓、阻碍婴幼儿的语言发展，有的甚至终生难以补偿。可见，对婴幼儿语言的培养关系到孩子今后的可持续发展。

良好的家庭教育对婴幼儿语言的发展至关重要。父母应把握好婴幼儿语言发展的最佳时期，让婴幼儿跨出关键的一步。

0～6岁婴幼儿的语言发展敏感期

——把握婴幼儿语言发展的关键期，让婴幼儿跨出关键的一步

一般以婴幼儿说出第一批能被理解的词为界（1岁左右），将婴幼儿语言发展分为前语言期（1岁前）和语言发展期（1岁后）两大阶段。其中，幼儿语言发展期大致可分为：单词句阶段、双词句阶段、简单句阶段和复合句阶段。

1岁前：前语言阶段

0～6周，哭叫。在最初的日子里，婴儿通过哭叫展示着自己的发音天分，这也是婴儿表达需求最直接的方式，父母需要根据不同情境分析、猜测宝宝哭叫的原因。

6周～6个月，咕咕叫。婴儿开始叽叽咕咕地发音了，并且出现持久的笑声和咯咯的笑声，这些声音反映了他们的舒适状态。4个月左右时，婴儿发音系统的形状和结构已经成熟。

6～10个月，咿呀学语。婴儿会把辅音和元音结合起来并连续发出，比如把辅音b和元音a结合起来，形成ba—ba—ba、ma—ma—ma的重复的多音节

发音，类似于“爸”“妈”等单音节语音。他们还会发出变化的咿呀声，如“bagidabu”。

10～12个月，规范化语音。婴儿发出的声音和音节串带有丰富的重音变化和音调模式，更像语音。12个月时一般能发出正常的语音，这标志幼儿语言正式产生了。

在人生的第一年，婴儿与成人之间的语言交往在各种非语言交往（游戏、喂食、穿衣、洗澡、睡觉等）背景下进行。婴儿和父母开始理解相互间的意图和行动。人际间的这种理解是通向掌握词汇意义、学习真正语言的必要条件。

父母最重要的任务是观察婴儿的声音，并做出正确回应，在回应时以适当的语言和他沟通。比如孩子饿时，妈妈可以先说：“哦，宝宝饿了！妈妈知道了，妈妈准备一下就来喂你。”每一次都说同样的话，相信孩子在听到时，就会安静下来，并慢慢学会等待。

婴儿对语言的理解先于语言的产生，他们在会说话之前，已经能够听懂这些话的意思。如果母亲抱着婴儿问“爸爸在哪里”时，婴儿就会把头转向父亲。对他说“拍拍手”“摇摇头”，他就会做出相应的动作。培养婴儿的语言理解能力，一个好办法就是父母为婴儿做每一件事时，干什么就说什么，尽可能方便地让婴儿建立语言与行为的对应。

比如，在给宝宝擦脸、洗澡、穿衣或喂食时，尽可能多地同宝宝说话。“妈妈正要给你换尿布。”“妈妈帮佩佩穿衣服了，先穿左手，再穿右手，接着帮佩佩扣纽扣，一个扣子，两个扣子，三个扣子，好，穿好了！”“妈妈正在洗你的脸”。当你递给他一个球时，就对他说：“这是一个球。”吃饼干时，就告诉孩子：“等着妈妈给你拿饼干去。”拿着饼干时妈妈还可强化一下，对婴儿说：“这是饼干，多好吃啊。”或许你会觉得，这样一来妈妈不是成了一个喋喋不休的母亲了吗？其实这只是短暂的时期，这种沟通方法既可增进亲子情感，又可促进孩子的口语发展，相信是值得努力去做的。

父母可以经常给宝宝唱歌、哼摇篮曲或说儿歌，和他一起做简单的小游戏。如握住宝宝的小手，边点他的手指边快乐地说“小鸟飞飞”，说完就牵着他的小手左右轻轻摇摆。即使他听不明白你的话，也搞不懂你的手势动作，你只需全神贯注地看着他，轻声细语地说话，让他感受到亲切和尊重就可以了。

这个时期父母可以说些叠音词给孩子听，如：呱呱叫、毛毛雨、团团转、毛茸茸、气呼呼、泪汪汪、水灵灵、甜丝丝、眼巴巴、笑哈哈、美滋滋。但要注意的是，不要把每一种东西的名称或动作都以叠字呈现，如穿鞋鞋、吃饭饭、戴帽帽、小狗狗等。父母应使用正确的语言，如此孩子不必在长大后再次转换，也不会因习惯改不了而显得幼稚。蒙台梭利告诉我们，孩子学习语言没有难易之分，又加上正处于敏感时期，所以正确方法是最重要的。

1～1.5岁：单词句阶段

1岁左右，幼儿说出了最早的词，这是真正的语言的开始。从1岁左右到1岁半是单词句阶段。这一阶段的特点是：幼儿一次只会说一个词，但他常常用一个词来表达整个句子的信息，处于“以词代句”的时期。

孩子在不同的情境下伴随不同的情绪和动作，还往往用同一个词表达不同的含义。例如，“妈妈”可以表示“妈妈抱”“妈妈来”“找妈妈”“妈妈帮我捡东西”“我肚子饿了”等。因此，听者需借助情境才能理解。

这一阶段，以音代物的现象很明显。对于能发出声音的某些事物，孩子往往用象声词代表该事物。如把汽车叫“嘀嘀”，把小狗叫“汪汪”，把小猫叫“喵喵”。

这个年龄段的孩子，由于语言器官发育不完善，孩子所发的语音往往不正确、不清楚。比如把“唱歌”说成“唱多”，把“牛奶”说成“流来”。要掌握正确的发音，孩子要看清成人的口形，听清成人所说的话，然后才能表达出来。这两方面如果一个方面出错就会导致发音不准。1岁半以前的孩子听觉分辨能力不强，要孩子很好地控制发音器官也不是一件容易的事。这个时候孩子虽然逐渐开始喜欢说话，但说出来的话要带“翻译”，因此这个任务就落在父母等亲近的人身上了。

这个时期，孩子开始尝试使用一个个准确的单词去描述与表达。孩子说出的大多是让他们感兴趣的会移动的或可操作的事物，比如小狗、小车、小兔子。这期间具有正常语言能力的幼儿表现出词汇量的迅速增长，心理学家称之为“词汇爆炸”。

幼儿的单词句也在发展变化。刚开始幼儿只能说一个字来代表一句话，但到了16个月左右，开始能用两个单词连续或间断地陈述事物的状态，表达自己的看法或愿望，如“爸爸——班”（爸爸上班了）、“妈妈——来”等。但这类语言数量不多。18个月前后，这类语言逐渐增多，如“爸，凳”或“凳，爸”（爸爸坐凳子），“西瓜，骑车，买”（爸爸骑车买西瓜），“椅，上”（从椅子爬到床上），甚至会出现“妈妈抱”这样的简单句子。这表明幼儿正在向“双词句”阶段过渡，并开始初步获得基本的句法结构。

1.5～2岁：双词句（电报句）阶段

这一阶段，幼儿开始说出包含两三个词组的句子。这些句子比单词句明确，已有词的顺序，但表达形式断续、简略，结构不完整，好像成人发电报的语言，所以又被称为电报句。开始时，幼儿把两个单词连接起来说，中间还有停顿，如：“妈妈，饭饭。”再进一步发展为双词句：“妈妈饭饭。”

幼儿用双词句指出一个对象，如“看狗狗”；表达某件重要事情，如希望某种东西再次出现，如“要牛奶”；表达某种重要东西的消失，如“饼饼没了”。幼儿还会以双词句指出情境的某些关系：动作者与动作的关系，如“奶奶开开”；动作与对象的关系，如“送送妈妈”；动作者与对象的关系，如“妈妈书”；动作与接受者的关系，如“给爸爸”；等等。

与单词句一样，幼儿的一个双词句有时也用来表达各种不同的意思。比如，“妈妈饭饭”这句话可能用来表达几种不同的意思：“饭是妈妈的”“妈妈在吃饭”等。

电报句句子成分常常缺省，主要使用名词、动词、形容词等实词，略去连词、介词。随着电报式语言进一步发展，功能词便逐渐加入句子之中。

当幼儿开始用电报式的句子表达意思时，他们便开始进入语言学习的高度敏感时期。这是幼儿积极的言语活动和发展阶段，在儿童语言发展上是一个跃进。同时，这也是孩子学习社会语言规范的黄金时期，在这一时期教他们礼貌地提出请求，做个讲文明的好孩子，学会用敬语，孩子会比其他时期更容易接纳和学习。

1.5～2岁是儿童词汇发展迅速的时期。有研究发现，在此期间儿童语言发展有两个加速期：一个是在19～20个月，这一阶段会出现词汇激增的现象；另一个是2岁左右，这一阶段会出现“双词句爆炸”的现象，由大约250句/月激增至约1500句/月。

双词句的激增使儿童有可能同他人进行语言的交流。孩子爱模仿成人的语言，成人怎样说话，孩子就跟着怎样说。因此，父母和孩子说话时，一定要注意选用恰当的词、规范的语句、准确的语音，给孩子树立一个好的榜样。当孩子说出不必要的重叠音如“街街”“灯灯”时，父母应该教他们说“上街”“电灯”；听到孩子说不完整的句子，如“妈妈——街街”“爸爸——饭饭”，应教他们说“妈妈上街”“爸爸吃饭”。

表5-1　幼儿词汇量的增长

年龄	1	1.5	2	2.5	3	4	5	6
词汇	10	100	300	600	1100	1600	2300	3500

注：词汇数量随着年龄的增长而不断增加。幼儿期是人一生中词汇量增长最快的时期。从1岁到7岁，幼儿的词汇量增加了数百倍。7岁左右，幼儿已基本掌握口语中的常见用词。其中，2～3岁是幼儿词汇量增长最快的一年，以后每年增长的速度逐渐减慢。

2～3岁：简单句阶段

2岁以后，儿童开始运用合乎语法规则的完整句更为准确地表达思想。许多研究证明，2～3岁是语言发展的关键时期。

2岁以后的孩子掌握的词汇更多。到3岁，孩子大约已能掌握1000个词。他们和别人交往的时候，已经能够运用一些合乎日常语法的简单语句。这些简单句主要是包含主语和谓语的语句，如说："宝宝睡觉。"还有包含主、谓、宾语的语句，如说："娃娃要喝开水。"

此时期幼儿语言的发展主要表现在两方面：

一是能说完整的简单句，并出现复合句。儿童2岁以后，语言中合乎语法的简单句增加。在基本的"主谓""动宾"结构中，开始扩充进宾语、状语、定语、补语等。如一个2岁的孩子可以说出"你看我跳舞""你看我跑多快""找爸爸抱抱"等句子。有的孩子还可以把2个或3个简单句合并为一句话，如："快穿衣服，省（得）冻着，别感冒。""外边下雨了，不能出去了。"由此可以看出，此年龄段的儿童可以用句子表达事物之间简单的关系。到3岁左右，儿童可以用断断续续的语言复述简单的故事，或讲清楚自己的经历。

二是词汇量迅速增加。2～3岁儿童的词汇增长非常迅速，几乎每天都能掌握新词。到3岁时，孩子已能掌握1000个左右词了。所以这段时间被蒙台梭利称为"语言爆发期"。

在这个阶段，儿童还没有完全掌握语法系统，但是简单句却反映出儿童已能够正确地掌握语序、层次等基本句法结构。从这时起，儿童开始逐步通过模仿成人的语言习惯来掌握语法。

孩子此时的语言通常是日常对话的语言，连贯性较差。而这个年龄阶段，正是训练孩子连贯性语言的起步期。发展孩子的连贯性语言活动，应该从孩子回答的问题开始。这些问题可以与熟悉的故事内容有关，可以与图片上的内容有关，或与玩具有关。比如，在看一只玩具小狗时，可以给孩子提出这样的问题："这是什么？""这是一只什么狗？""它是怎么叫的？"

在孩子回答了这些问题之后，成人把孩子的回答全部结合在一起，组成一段简短的连贯性语言。再比如，孩子告诉妈妈："妈妈，我要一个纸。"显然孩子不知道如何表达"一张纸"。这时，父母可以用正确的语言反问一次："你要一张纸吗？"孩子一定会回答："是。"此时可以再问："你要什么？"相信孩子会正确说出："一张纸。"而当你给孩子纸时再正确地说："这是一张纸，给你。"之后，可要求孩子说："谢谢你给我一张纸。"

3岁开始：复合句阶段

复合句是由两个或多个意义相关联的单词句组合起来构成的句子。复合句的出现稍迟于简单句，它是在幼儿简单句还不十分完善的时候出现的。复合句出现后与简单句并行发展。

心理学家在日常生活中记录了一些3～6岁儿童的典型复句实例，例如：

我会搭汽车，还会搭小船。（并列关系）

我吃完饭我就看电视，我才看一分钟我就睡觉了。（顺承关系）

我爸爸昨天给我买了一本小人书，名字叫《武松打虎》。（解说关系）

我喜欢唱歌，不喜欢画画。（选择关系）

真好看（指同伴的鞋），如果是红颜色的更好看了。（假设关系）

因为秋天到了，所以树叶都掉下来了。（因果关系）

我喜欢爸爸，不喜欢妈妈，因为她会打我。（多重复句）

幼儿从2岁开始发展复合句，4～5岁发展较快。

幼儿对复合句的掌握比较困难，因为它不仅要保持单句本身的完整，还要将两个或多个单句用连词联系起来，这对于各种词的意思和使用都还不清楚的幼儿来说是不容易做到的。所以幼儿语言中，复合句的使用比较少。即使是6岁的幼儿，句子中复合句所占的比例也才近20%。

多听、多看、多说

——全面提升孩子的口语表达能力

完整的语言教育包括培养孩子语言的听、说、读、写等四方面能力。对幼儿来说，主要是培养他们良好的听、说习惯和能力；同时使他们获得早期的读、写技能，为他们进入小学进行正规的读写训练做前期准备。

只有让孩子多听、多看、多说，才能使孩子获得丰富的词汇，获得学习的机会，从而发展幼儿的口语表达能力。

多听：听得多、听得准才能说得对

表达能力是孩子运用语言与他人进行交流的能力。与人交流的重要前提是倾听。听不懂对方的话语，交流是无法进行和深入的。只有学会倾听，善于倾听并乐于倾听才能抓住他人话语的内容，从而开展成功的对话。

所以，幼儿要学会语言，首先要学会听，听得懂、听得准确，之后才能正确地说。听是发展幼儿表达能力的先决条件。

选择合适的电视节目让幼儿欣赏

这对孩子的语言发展是很有益处的，特别是一些孩子较为喜爱的动画片等。家长还可以为孩子选择配乐的优美儿童诗让幼儿欣赏，时间长了，幼儿自然会跟着读。同时也可以让孩子听故事、听儿歌、听动物的叫声等，在日积月累中学习语言。让幼儿多听，是为了发展倾听和区别周围声响的能力。

在游戏活动中培养孩子有意识地、用心去倾听的习惯

如玩角色游戏“商店”时，父母扮演售货员，幼儿扮演顾客，进行倾听与对话。比如，妈妈说：“妈妈是售货员，你是谁呢？”孩子回答说：“我是顾客。”“狮子、尺子和花纸，还有好吃的大柿子，你要买就快来；说对了，我就卖给你。”父母要有意识地示范“狮”“纸”“尺”“柿”的发音口型。孩子来买东西时一定要说清：“阿姨，我要买一只狮子。”“阿姨，我要买一把尺子。”“阿姨，我要买一张花纸。”“阿姨，我要买一个大柿子。”只有当孩子发音准确了，才卖给他。这样孩子不仅能听清每个字的正确发音，也能看清发音的口型，长期的听觉刺激会强化幼儿的倾听能力。

培养孩子分辨不同内容、理解不同语调的倾听能力

这要求孩子对听到的内容进行归纳、推理和评价，对孩子的理解、分析能力提出了更高的要求，似乎是一项高难度的任务。比如，以“改错句”为例进行。父母故意说错话，让幼儿听着好笑，紧接着提出“改错”要求。父母可以说：“春天来了，大地一片金黄，落叶纷飞。”“小鸭在天上飞来飞去。”“公鸡妈妈和小鸡在草地上玩儿。”父母可以和孩子一起讨论错在哪儿，既可以改句子的前半部分或后半部分，也可以改掉不合适、不恰当的词。

多看：见广识多才能有话可说

大自然中的一草一木、一山一水都可以成为孩子的观察对象，生活中的喜怒哀乐、坐立行走都可以成为孩子体验的内容。丰富的生活内容与经验是幼儿语言表达的源泉与基础。只有通过各种感官直接感知——看、触、摸、尝、闻等，具备了丰富的生活经验与体验，孩子才会有乐于表达和交流的内容，才会有话可说，有话要说。父母应有意识地丰富幼儿的生活内容，帮助他们积累生活经验。

让孩子观察周围环境并用语言表达出来

如“绿油油的叶子”“活泼可爱的小兔子”“笔直的马路”。比如冬天下雪了，让孩子观察雪花的形状，欣赏雪景。孩子可以观察到雪花有6个瓣，是一片片，一团团飘落下来的，美极了。然后可向孩子提一些有启发性的问题：“雪像什么呀？”孩子可能会说：“像雪白的棉花。”还可以引导孩子展开联想：“像白糖。”“像厚厚的毯子。”“像盐。”

让孩子通过亲身见闻来掌握词汇

比如，参观公园、观赏花卉等，父母要有目的地引导孩子边观察边讲述。父母问：“你看花圃里有什么颜色的花？”幼儿可能会回答：“有红颜色的花。”“有白颜色的花。”“有黄颜色的花。”再让孩子数一数有多少种颜色。孩子数出了几种，父母这时顺势说：“花圃里盛开着五颜六色的花，真漂亮！”孩子一下子明白了“五颜六色”的含义，说不定走到另一个花坛时，就会说：“这五颜六色的花儿好美呀！”以后遇到相似的情形还会举一反三：“那位爷爷在卖五颜六色的气球。”“小朋友穿着五颜六色的衣服。”这说明孩子对这个词已经完全理解了。

看图说话

这能丰富孩子的眼界，培养孩子的语言组织能力、语言表达能力。父母可以和宝宝一起看图画书，一边指着图画一边向宝宝讲解：“母鸡带着鸡宝宝找小虫。”“小白兔在吃胡萝卜。”讲完后，让孩子试着将这些画面连起来讲给父母听。开始孩子可能讲得不完整，甚至不会讲，这很正常。父母千万不要着急，应鼓励孩子慢慢来，大胆地讲。相信经过不断训练，宝宝会讲得越来越好。

a.模仿

b.诅咒

图5-1　模仿与诅咒

多说：多动嘴才能提高表达力

在日常生活中，利用一切时机，给幼儿提供多练的机会，让孩子多说多练，与孩子多交谈。用鼓励的方式，让孩子想说；为孩子提供多种表现自我的机会、说话的机会，让幼儿敢说；告诉孩子把要说的话说清楚、说具体、说完整，让孩子会说。

提供有利于孩子说话的语言环境

家长应该利用机动时间，耐心听孩子说话，不拘形式地与孩子交谈。不要对孩子的语言表述要求太高，话才说到一半，就指出他这也不对，那也不对。面对幼儿语言学习中的错误，应以温和、宽松的态度来对待、纠正，允许出错，孩子在一个宽松温馨的气氛中才敢于说话、乐于说话，从而有效发展自己的语言表达能力。

有些家长在孩子刚刚开口说话时，没等孩子把意思表达充分，就简单地用“啊”“哦”去敷衍，或用“知道了”等方式去打断孩子的话。似乎孩子的话不值得认真对待，长此下去很容易挫伤孩子说话的积极性。孩子若长期生活在紧张压抑的语言环境中，语言表达能力的发展就会受到影响，严重的甚至可能会形成口吃。

随时随地让孩子说

比如，带孩子上街，走在马路上让他说出看到的情景、听到的声音，观察各种车的模样，说出车的作用，观察路边的植物，观察人们身上穿的衣服，边走边和孩子一起交流，解答他提出的问题。这样既增长了知识，丰富了经验，又使语言得到了锻炼。再比如，晚上在床上玩儿时，问孩子床可以用来干什么，让孩子尽可能多地给出答案：床可以用来睡觉、放玩具、当蹦床、当画板、当舞台等，只要能想到，鼓励孩子尽可能说出来。孩子得到鼓励，有一种被人认可的成功感，兴致越来越浓，学习语言的积极性就会越来越大。

玩语言游戏

可以和孩子玩“看谁说得快”游戏。开始时，妈妈问：“鸭子会游泳，老鹰……”爸爸迅速回答：“老鹰会飞。”这样，孩子就明白了游戏的规则。游戏正式进行，妈妈作为“考官”问：“苹果是绿色的，香蕉是……”请孩子接答。游戏过程中，如果出现答案的分歧，经过三人讨论，最终由考官裁决。该游戏不借助任何道具，在生活中随时进行，并最终过渡为由孩子来当考官。类似的游戏内容还有：冬天下雪，夏天下雨；白天有太阳，晚上有月亮；爸爸比妈妈高，妈妈比我高；鸡蛋孵出来变小鸡，蝌蚪长大了变青蛙……

“你说我猜”游戏也非常适合发展孩子的语言能力。妈妈可以先做示范：“我现在想吃一样东西，它红红绿绿的，又圆又大，咬一口特别脆，明明这几天午饭后都吃过的。这是什么？”“是苹果！”孩子回答。刚开始的时候，可以把要猜的东西集中在简单的形状、颜色、位置的描述上，如吃饭时问：“我现在想吃离我最远的那盘菜，里面是红色的东西，妈妈，你猜是什么？”以后可以慢慢地涉及一些抽象的题材，如：“我长大了要当特别有本事，专门搞发明创造的人，爸爸你猜是什么？”另外，父母还应该鼓励孩子从不同的方面，用不同的说法来描述同一个事物，把培养孩子的思维能力与表达能力巧妙地结合起来。

大声朗读

——为孩子的书面语言打基础

佟佟1岁多的时候，妈妈就开始陪他阅读。壮壮虽然比佟佟大1岁，但阅读开始的时间比较晚，差不多到了5岁才开始。结果，佟佟很快养成了阅读习惯，差不多半年以后就非常喜欢阅读了。每天晚上，妈妈9点左右开始给佟佟读书，他几乎每天都让读到10点才肯睡觉，有时妈妈都困了，他还兴致勃勃地嚷着要再读一本。相反，壮壮的阅读热情不高，虽然现在对阅读也产生了兴趣，但主动阅读的积极性较低。

苏联著名教育家苏霍姆林斯基曾说过："孩子的阅读开始越早，阅读时思维过程越复杂，对智力发展就越有益。7岁前学会阅读，就会练成一种很重要的技能：边读边思考边领会。"一些研究者也指出，缺乏良好的早期阅读经验的儿童入学后会有学习适应上的困难，如缺乏阅读兴趣、阅读理解能力差等。

因此，加强早期阅读是幼儿语言教育的重要组成部分。尽管在学前阶段，儿童尚不需要具备真正意义上的阅读和书写能力，但很有必要培养幼儿对生活中常见的简单标记和文字符号的兴趣；利用图书、绘画和其他多种方式，引发幼儿对书籍、阅读和书写的兴趣，培养前阅读和书写技能。

为幼儿选择适当的图书

培养幼儿的阅读兴趣和技能，必须有适当的、有吸引力的图画书作保证。虽然阅读是以书面语言为对象的，但幼儿的思维以具体形象为主要特征，主要是从感观上了解事物，尚未具备阅读文字材料的条件。因此，早期阅读大多是通过图画故事进行的，图文并茂的图画书是最好的选择。

图画书的选择要注意两方面：

一方面，画面要适合孩子看。图书的页面要鲜艳美丽，内容要简单具体，生动有趣，以引起幼儿的兴趣；文字要优美简练通俗，以利于幼儿的理解；字体要适中，不要太小，方便幼儿认字。对3岁前的幼儿，适合选择画面较大、内容单一、色彩与实物相似的图画书和背景简单的画册。选择有简单情节的图画书时，开始情节不一定很连贯，以后再逐渐增加情节连贯性的作品和语言朗朗上口、简短而有重复句的儿歌。图画书的开本要大，纸要厚。对3岁以后的幼儿，可逐渐增加图文并茂、情节连贯曲折的作品。

另一方面，阅读内容要能引起孩子的兴趣。要为幼儿提供类型丰富的图书，如儿歌童谣类、童话故事类、自然科学类、美工操作类、智力开发类等。幼儿通过各种不同类型图书的阅读，从中获得多方面的教益，满足多方面的兴趣。图书的主题要多种多样，从儿童生活到科学知识，从环境问题到生命教育，可以是关于友情的、亲情的，也可以是关于勇敢精神的、生命尊严的、自然和环境的，要涵盖幼儿生活、成长的各个方面，多样化的题材将帮助幼儿获得多元的知识与多元的情感经验。

图画书构图巧妙、色彩优美，对于孩子无疑具有莫大的吸引力，其中富含节奏韵律感、幽默诙谐、拟人夸张的文字也符合幼儿语言的年龄特点，与孩子生活经验密切相关的故事情节能够引起儿童的情感共鸣。因此，图画书受到了绝大多数孩子的欢迎和喜爱。将图画书广泛运用到早期阅读教育中，培养幼儿阅读的兴趣，将为幼儿以后的阅读打下良好的基础。

引导孩子去阅读

来看看两位妈妈关于引导孩子阅读的自述：

自述一　记得刚陪我女儿阅读时，住在娘家。父母喜欢看电视，一般晚饭过后，他们就开始看电视。当时，为了培养我女儿的阅读习惯，我每天晚上都早早地抱着她到房内床上看书。后来我们搬到学校宿舍住，我故意不买电视也不带电脑。每天晚上睡觉前，我都会耐心地陪她阅读。结果，她的阅读量突飞猛进，阅读时间也越来越长。

自述二　儿子从小就非常爱看书，有时看得都忘记吃饭。其实我也没有怎么刻意去陪儿子读过书，只是我自己很爱看书，一有空就静下心来读书。儿子小的时候，模仿性很强，看妈妈在读书，自己也拿起书来有模有样地看起来，久而久之就养成了读书的习惯。

显然，这两位妈妈非常懂得给孩子创造一个良好的阅读环境。阅读的环境对阅读习惯的养成起着非常重要的作用。幼儿的注意容易受到干扰，而且他们很难抑制与任务无关的思维活动。因此，父母最好不要经常看电视或上网等，营造安静的环境陪孩子一起阅读是最好的投资。

孩子刚开始看书时，往往带有很大的盲目性、随意性和依赖性，经常把书当作玩具，随意翻一翻就放下了，或者前看一页后看一页。因此家长要给予正确引导。如果父母刻意让孩子选哪一本、看哪一页，他会不乐意，产生抵触心理，甚至会生气。因此开始时不要强迫孩子，孩子爱看哪本、爱看哪一页，就陪着他看，然后在此过程中巧妙地引导孩子。

比如，当孩子哗哗地把一本书翻完后，父母可以很高兴地夸他："你真厉害！一会儿就看完了这本书。这本书看起来很有意思，你来一页一页讲给妈妈听，好吗？"孩子可能就会翻开书从第一页开始讲。如果他能讲出来图片的内容，就再夸他，并邀请他和自己一起读图片下面的文字。如果碰到孩子不懂的内容，就鼓励他：“没关系！妈妈也不知道画的是什么，我们一起来读读这些文字就知道了。”按照类似的方法耐心引导孩子，孩子会很有兴趣地一页接一页往下读。如果类似的方法有效，就可以“故技重演”，慢慢就能培养孩子的阅读兴趣。

设置悬念能很好地带领孩子走进图书的世界里。比如，在看一本书之前，父母可以根据书的内容向孩子抛出一个问题，或是先大概讲一下故事的开头，以吊起孩子的胃口，引起幼儿的好奇心。当幼儿很想知道答案或结果时，就可以引导幼儿来看书。在看书的过程中，适当停顿一下，让孩子猜猜接下来要发生什么事情。孩子带着悬念来读故事，自然会一直读下去，爱不释手。

为孩子大声朗读

对着孩子大声朗读，是帮助孩子成为读书爱好者最有效的办法。听读是引诱孩子阅读的有声广告。因此，每天安排一定的时间大声朗读，这对于激发幼儿阅读兴趣是非常重要的，幼儿年龄越小，听读所起的作用越大。

父母可以每天利用一个相对固定的时间为幼儿朗读故事。朗读时，不用完全一字一句照搬书中的文字，可根据故事适当增添一些象声词或形容词，使故事听起来更生动。

在朗读时，应吐字清晰。为了增强现场效果，加深孩子的理解，父母可运用表情和肢体动作，带有一定的表演性质效果更好。语调要抑扬顿挫，具有感染力。有时还需改变自己的声调，或高昂或低沉，或快乐或悲伤，来扮演人物的对话。朗读的速度不宜过快。放慢速度，让孩子仔细观看图画的内容，也能让孩子将听到的内容在脑海中勾勒出图像。要根据故事情节来调整节奏，比如在悬疑时语速慢下来，声音低下来，可使孩子全神贯注地倾听。

你没看见我正在看电视吗？去，自己看去！
爸爸，给我读这本故事书吧！
a.毫无耐心的家长
好的。这本书很有趣，现在开始吧！
爸爸，给我读这本故事书吧！
b.用心的家长

图5-2　做孩子的朗读者

将阅读与识字结合起来

成人的阅读程序是先识字后读书，而根据幼儿的年龄特点，父母要采用先读书后识字的方法。孩子的阅读量有一定积累后，在阅读过程中，父母可以教孩子手指着字、眼看着字、嘴里念着字、脑子记着字，即逐字阅读。

在选择逐字阅读的材料时，要选一些熟悉的故事或诗歌，尽量选熟字较多的篇幅进行，这有助于提高孩子的自信心，提起他们的兴趣。

开始的时候，孩子往往完不成手、眼、耳的协调运作，经常会指错说错。这就需要我们帮助幼儿完成有节奏的指字训练，让幼儿掌握一定的指字速度和节奏，区分文字和标点符号。有标点符号的应该语气停顿，但是手不用去点标点符号，应该直接去找下一个字。在每行字末，提醒幼儿换到下一行，用生动的语言告诉幼儿“拐弯请注意”。

通过逐字多次阅读，能让孩子记住、认得学过的字，而且还能联系上下文学会新字。这种方法对提高幼儿的认字能力是行之有效的。

在指导孩子阅读时，还可以开展一些生动有趣的识字活动，用有趣的指导语，引导幼儿认字。比如对于象形字或会意字，如“尖”“雨”“闪”等，指导语可以是：上小下大就是“尖”；雨点落到窗户上；门里有个人影一“闪”。再配上相应的文字图饰，孩子一看就能记住，形象、生动、有趣，识得快，记得牢。

根据孩子爱猜谜的特点，父母可以将汉字编成浅显易懂、生动有趣的儿歌谜语，让幼儿在有趣的猜谜活动中学习汉字。如教“李”字时，编出的谜语是：十字头，八字腰，儿子下面站得牢。这不仅增强了幼儿的识字兴趣，而且还培养了幼儿的思维、想象能力，趣味无穷。

给孩子识的字最好和孩子熟悉的事物联系起来。例如在讲小兔子的故事时，可以指着书上的“兔”字，说：“这就是小兔子的‘兔’字。”孩子不仅认得了这个字，甚至有可能会问更多的字：“小狗的‘狗’字呢？小羊的‘羊’字呢？小猪的‘猪’字呢？”这就给父母提供了教孩子识字的好机会。孩子对识字产生兴趣以后，在散步、逛公园、上街时，也可以把看到的事物写出来给他看。在这种带有游戏性质的活动中，孩子不知不觉就学会了很多字。家长可以通过看图识字、看图找字、看实物找字等游戏来巩固孩子所学过的字。

英语启蒙

——开发孩子的第二语言

英语是我国大部分孩子要学习的第二语言，父母们对它心存各种疑虑：孩子应该从什么时候开始学英语？该用什么方式来学习呢？要上英语培训班吗？英语底子差的家长如何教孩子学英语？这些疑问也说明父母们对孩子的英语启蒙关注度越来越高。现在，我们带着这些问题来看看究竟如何对幼儿进行正确的英语启蒙教育。

孩子学外语，越早越好吗

现在社会上各种英语培训机构扩张的步伐越来越大，在很多大城市，幼儿英语培训班已经很普遍了。据报道，不少英语培训机构甚至把目光瞄准了3个月大的小宝宝。父母们最大的一个困惑是：1岁开始学是不是太早了？10岁开始学是不是太晚了？

教育学家认为，4～8岁是孩子学习第二语言的最佳时间。在这个阶段学习英语，孩子没有任何负担，会有极大的积极性。孩子更容易接受语言及其所“携带”的文化元素，这也意味着这个时期学习英语，不仅词汇记忆快，孩子还能从小培养英语思维及对西方文化的初步认识。9～12岁是孩子建立英语思维的最后机会。如果超过12岁之后才进行英语学习，孩子在学习中很容易受到中文思维的干扰，最后就会演变为“英汉互译”，严重影响孩子的英语学习。

激发幼儿学习英语的兴趣最关键

家庭里的幼儿英语启蒙，主要是听儿歌，看原版动画，读原版书，玩英文游戏，有语言条件的还可以进行英语对话。

可以说，英语启蒙的方式和中文亲子阅读是一样的。在进行中文启蒙时，有多少家长使劲儿让幼儿认汉字、学词组、背诗词呢？大部分是不会的。同样地，英语启蒙最主要的也绝对不是学单词、学句型、背课文。如果不顾孩子的认知规律，盲目地强化练习，非但不能提高教学效果，还容易让孩子产生厌倦情绪，为将来学好英语设置障碍。

孩子开始学英语，最重要的是环境的熏陶和兴趣的培养，是一个从兴趣到习惯，从知识到能力的变化过程。因此，应该为孩子创设一种轻松愉快的英语环境，让孩子在生活中、在玩耍中潜移默化、快快乐乐地学英语。

在生活中，他们往往会对自己的一切产生探索的兴趣，如姓名、年龄、性别、爱好等都是孩子讨论的话题。父母可以充分利用幼儿的心理特点，采用丰富多样的形式，让幼儿学习英语表达方式，灵活运用。如：“I am Nancy.” “I am five.” “I am a girl.” “I like juice.”

家庭是幼儿生活和学习的第一环境，许多与家有关的生活经验也可以成为幼儿英语教育的内容。如：家庭成员——father、mother、brother、sister、grandpa、grandma、uncle，居住场所——living room、bathroom、bedroom、kitchen，家用物品——door、table、bed、computer、book，等等。在生活经验积累的基础上，孩子很愿意主动学习与表达，并互相交流。

父母可以利用一些日常活动。如给孩子洗脸时，一边洗一边教孩子念念英语儿歌：“Wash your face，Wash your eyes，Wash your nose，Wash your…”这样孩子既觉得好玩儿，又学得有趣。带孩子去超市时问问孩子：“What do you want？”鼓励孩子用单词或句型来回答。当孩子能正确说出单词时，妈妈的一个亲吻、一个拥抱，爸爸翘起的大拇指，奖励的一张小小的贴纸都会使孩子产生自信的情感，激起学习的兴趣。

父母有意识地把英语学习和游戏结合起来。比如在“娃娃家”的游戏中，在学习了一些待人接客的句子后，父母可以每天到孩子家当一会儿客人，引导孩子用英语说：“Welcome to my home！”“Come in，please！”“Sit down，please！”“Have some water.”“Thank you！”这样幼儿所学语言在其他活动中得到巩固、练习，久而久之，幼儿的英语思维能力和运用能力就会有所提高。

培养孩子的英语思维

传统的中式英语教学方式，强调的是一个人的英语词汇量，学习方式是转换式的。英语本质上是一种语言，是用来交流的。就好比一个美国小孩，他会说英语，但是并不一定能把他所说的话用文字表达出来。如果要衡量幼儿的英语能力，词汇和学习方法并不是最重要的，重要的是在一个充分的语言学习环境中培养孩子的英语思维模式。

涉及母语和第二语言，大家首先想到的可能是“翻译”，不过不建议用翻译的方式去教孩子学习。如果孩子从小就形成中英互译的概念，脑子里面就是英语、汉语互相对照，这是不利于思维发展的。

比如，数字号码“two zero eight three three one nine”，传统的中式英语教学肯定会先翻译成数字2083319，再去死记硬背。这根本没有运用到英语思维。如果用英语思维方式，会让孩子看到two就是two，而不是2。

不同的语言在孩子的大脑里是分区放置的，中文和英文之间是平行的，所以不要让孩子进行翻译。逐字逐句地翻译会让孩子混淆。如果孩子不问，就不翻译；如果问，就进行探讨式解释，不做逐句翻译。

举个例子，如果要教“过来坐下”，不必告诉孩子“过来坐下”的英文是什么，直接说："come and sit down."同时招手示意他过来，再拍拍沙发，示意他坐下。第一次，孩子肯定会问你说的是什么意思，但每次你想让他过来坐下时，都这么说，都做同样的动作，几次以后，他自然就知道"come and sit down"是什么意思了。就像小时候教他说话一样，教他说"爸爸妈妈"时，他不会问你什么是爸爸妈妈。

说很重要，但听更重要

等孩子上了小学，一般到三四年级就开始出现两极分化的倾向：有些孩子越学越轻松，而有些孩子则越学越吃力。造成分化的原因通常不是因为语言天赋或是任何智力因素的差异，而是对耳朵使用的多少，这决定了英语掌握程度的高低。

语言作为一个有机知识体系，是通过声音形态组织起来的。只有通过耳朵去听，让听觉感官对它们从陌生到熟悉，从熟悉到烂熟，让每一个音符都植入大脑皮层深处，才能够把一个个看似孤立的信息串接起来，与情感交汇融合，实现对语言真正意义的理解，形成条件反射式的自然记忆。

如果没有听过足够多遍，原汁原味的声音没有在头脑中留下深刻印痕，即使背得滚瓜烂熟，也没有实质性收获。所以无论是单词，还是课文，死记硬背都意味着对真实语言的歪曲或再造，记下的一切因为脱离了原音形态而显得不伦不类，难成体系。这也就是为什么家长老是抱怨孩子记忆力差的主要原因。

其实这个道理并不深奥。我们常常惊讶于婴儿的语言学习能力，仔细分析一下，在他们开口说话之前，已经听了1年多的语音和声音。他们首先是听懂了，然后才开始学说学写。只要先听懂，通过听觉感官建立起一个基本的语言架构，一门语言学起来就会显得非常容易。

a.机械的教育方式

b.尊重学习规律的引导方式

图5-3　听是英语启蒙的基础

充分利用英语动画片、儿歌

培养孩子的英语思维和听力能力，英语原版动画片、英语学习软件、英语儿歌等是孩子学习英语的良好工具。尤其对于英语水平有限的父母来说，自己都不能说几句英语，更不用谈辅导孩子学英语了。这时，一套声、光、图俱全的英语教材就十分重要了。

目前市面上有很多幼儿英语声像教材出售，比较典型的有洪恩、迪士尼、美乐蒂等公司推出的VCD及教材。这些教材画面材料丰富，内容有趣，拟人化的小动物十分可爱，容易引起幼儿的兴趣，也便于家庭中的运用。

在观看动画片的过程中，尽管儿童的注意力集中在有趣的人物、绚丽的色彩和滑稽的情节上，但他们在反复观看的过程中，就能熟悉英语的语音，并能自动地将语音与情节逐步地对应起来，这就为其进一步学习奠定了基础。

在观看时，父母不要反复询问“说什么了”“什么意思”，也不要性急地为孩子讲解，而要鼓励他们根据画面来猜测人物对话的含义。在此基础上，父母也可以和孩子一起猜，或者对照故事的说明和他们一起讨论，帮助他们逐步将对话和情节结合起来。原版动画的童声音频对孩子语言熏陶是非常有好处的，父母无须担心孩子听不懂，孩子在能听懂70%的状况下就会有兴趣继续看下去。

此外，还可以利用英语歌曲、儿歌的形式，使孩子有机会接触广泛的英语语言材料，获得丰富的视听经验。

Part 6

情绪
——呵护孩子的情感世界

安定愉快的情绪是幼儿保持身心健康和行为适应的重要条件，而愤怒、恐惧、悲伤等消极情绪长期郁积，就会对幼儿产生持久的负面影响，进而影响幼儿的身心健康与人际关系的发展。

了解孩子的情绪情感是教育好孩子的重要前提，而培养孩子具有良好的积极向上的情绪情感更是一项艰巨的任务。父母要及早重视起孩子的情感要求，并对孩子的情绪做出正确引导，帮助孩子认识、了解和控制自己的情绪，学会理解他人，让孩子从小就拥有优质的情商。只有这样，幼儿才能具有积极良好的情绪情感，在轻松愉快的环境中成长。

走进婴幼儿的情绪、情感世界

——了解婴幼儿的情感

孩子的喜怒哀乐是什么时候产生的

婴儿出生后就有情绪。如新生儿或哭，或安静，或四肢舞动等，这些可以称为原始的情绪反应。原始的、基本的情绪是不学就会的、天生的、进化的，这种情绪反应与生理需要是否得到满足有直接关系。

婴儿从进化中获得的基本情绪主要有愉快、兴趣、惊奇、厌恶、痛苦、愤怒、惧怕、悲伤等。所有这些不同的情绪，在从婴儿出生到1岁左右陆续发生。它们的发生有一个时间顺序，这一顺序服从于婴儿的生理成熟和适应的需要，而且它们的发生既有一般规律，又有个体差异。

第一阶段（0～1个月）：新生儿具有的一系列基本情绪体验是感兴趣、痛苦、厌恶和快乐的面部表情。婴儿对生理的满足和温柔的抚摸会产生一种广泛的松弛反应，这就是快乐；柔和的光和声音的刺激，会诱发感兴趣的体验。

第二阶段（1～6个月）：其他基本情绪体验如愤怒、悲伤、欢乐、惊讶和害怕等陆续显现。痛的感觉成为引起愤怒和悲伤的刺激源；如果他们的预期未能实现（如在要吃奶时等的时间太长），就会引起2～4个月的婴儿的愤怒，引起4～6个月的婴儿的伤心难过。当2～8个月大的婴儿感到自己能控制自身以外的事件时，就会有强烈的惊奇和欢乐的情绪体验。这些基本情绪具有很深的生物根源，因为这些情绪体验出现的时间具有跨文化的普遍性。

第三阶段（6个月后）：出现的情绪体验是惊奇、害羞和嫉妒。新异的刺激会诱导婴儿惊奇的情绪，而陌生人的出现则可能会导致害羞，看见别人深情地拥抱或妈妈抱别的孩子，可能会诱发婴幼儿嫉妒的情绪体验。

表6-1　婴儿情绪发生时间表

情绪类型	最早出现时间	诱因	经常出现时间	诱因
痛苦	出生后1～2天	机体生理刺激	出生后1～2天	机体生理刺激
厌恶	出生后1～2天	不良气味或味道	出生后3～7天	不良气味或味道
微笑反应	出生后1～2天	睡眠中机体生理过程的节律反应	1～3周	睡眠中机体生理过程的节律反应或触及面颊
兴趣	出生后4～7天	适宜光、声刺激	3～5周	适宜的光、声或运动物体
愉快（社会性微笑）	3～6周	高频语音和人的面孔	2.5～3个月	人面孔刺激或面对面玩耍
愤怒	4～8周	持续痛刺激	4～6个月	持续痛刺激或身体活动持续受限制
悲伤	8～12周	持续痛刺激	5～7个月	与熟人分离
惧怕	3～4个月	身体突然从高处降落	7～9个月	陌生人或十分新奇的事物

续表

情绪类型	最早出现时间	诱因	经常出现时间	诱因
惊奇	6~9个月	新异刺激突然出现	12~15个月	新异刺激突然出现
害羞	8~9个月	熟悉环境中有陌生人接近	12~15个月	熟悉环境中有陌生人接近

幼儿情绪的三大特点：易冲动、易外露、易传染

先来看下面这两个例子：

早上，妈妈送刚入园不久的儿子到幼儿园，离开时，儿子哭闹着要妈妈。这时，幼儿园阿姨给了他一颗糖，孩子拿着糖高兴地笑了。

一个4岁的孩子因为某件事高兴地拍起桌子来，周围的孩子也跟着拍，而且情绪也和第一个拍桌子的孩子一样兴高采烈；一个小朋友喊“叔叔好”“阿姨好”，其他小朋友也跟着喊；一个小朋友拉着阿姨的手，亲昵地表示要和阿姨一块玩儿，其他小朋友也围上来，提出同样的要求。

这些孩子的行为表现出了幼儿情绪的典型特点。

幼儿社会情感的发展还没有完善，因此他们对情绪的控制能力不强，生活中常常会出现一会儿哭一会儿笑的场面。随着年龄的增长，幼儿对情绪的控制能力才会有所增强。整体上看，幼儿的情绪具有易冲动、易外露、易传染等特点。

易冲动。幼儿时常会因为一点儿小事而大哭大叫，也会因为一点满足或一点儿发现又跳又叫、高兴异常，经常用过激的动作和行为表现自己的情绪，比如，幼儿看到故事书中的“坏人”，常常会把它抠掉。新入园的孩子看着妈妈离去时，会伤心地哭；但妈妈的身影消失后，经老师引导，很快就愉快地玩起来；如果妈妈从窗口再次出现，又会引起幼儿的不愉快情绪。由于这种冲动性，幼儿有时难以控制自己的行为。

易外露。幼儿的情绪变化会被毫不隐藏地表现出来，不掩饰、不控制，而且常常是通过幼儿的身体语言来表达。比如，不高兴就哭，高兴、舒服就大笑或者手舞足蹈，愤怒就瞪眼跺脚，有高兴的事就要向亲近的人诉说。这主要是因为：在生理上，幼儿大脑皮层的兴奋性强，难以抑制；在认知上，幼儿意识的作用比较差，还不懂得隐瞒自己的内心体验。

易传染。幼儿的情绪非常容易受周围成人或儿童情绪的影响。例如，幼儿园刚入园的孩子，比较焦虑爱哭，有时一个小朋友一哭，会带动全班的小朋友都哭起来，整个场面会变得极其混乱。又如，幼儿在看电影电视、听故事时，容易被故事的人物和情节所打动。

幼儿期晚期，情绪较少受一般人感染，但仍然容易受亲近的人，如父母和老师的感染。因此，父母和老师在幼儿面前必须注意控制自己的不良情绪。另外，幼儿情绪的易感染性，是培养儿童同情心的突破点，也是培养其他良好情感的基础。

恐惧

——当孩子害怕或受到惊吓时

小莲上幼儿园后，由于妈妈比较忙，下午来不及到幼儿园接孩子，大多数是让爸爸去接。爸爸一般是先把女儿接到自己单位，等下班后再带回家来。奇怪的是，小莲越来越胆小，一会儿害怕这一会儿害怕那。

前一段时间，妈妈正好有时间，就去接小莲。小莲见到妈妈后特别高兴，说："妈妈，你能不能每天都来接我啊？"妈妈说："爸爸接也是一样的。"小莲嘟起小嘴说："我不要爸爸接，因为爸爸公司太可怕了！"妈妈觉得奇怪，就继续问是怎么回事。

原来，爸爸把小莲接到单位后，有时要开会，就把她托付给办公室里其他同事照看一会儿。有时爸爸开会开得比较晚，爸爸的同事就陆续回家了，个别没走的同事就和小莲开玩笑，说："你爸爸不要你了，把你一个人扔在这里了。"或者："这楼里有大老虎，会把没走的人吃掉。"妈妈听后很心碎也很气愤。此后，妈妈再忙也要自己去接小莲，并不断安慰女儿，消除她心里的恐惧感。

恐惧是人的基本原始情绪，是人面对真实的或想象的危险情境时一种本能的情绪反应。这种本能情绪从一出生便如影随形般开始了。绝大多数家长会发现宝宝怕巨大的声音、怕黑、怕陌生人、怕动物，一些司空见惯的事物对孩子来说却非常可怕。那么，孩子可能会害怕哪些事情？孩子为什么会恐惧这些在成人看来非常安全的事物？又该怎样消除孩子的这种恐惧情绪呢？

抱紧孩子，让他宣泄恐惧感

对于孩子表现出来的恐惧感，父母应重视，要找到引起恐惧的原因，并给予及时的鼓励和安慰，让他拥有安全感。

一个4岁的男孩睡觉时梦见一条蛇要咬他，他告诉了妈妈，妈妈便拿出棍子“打蛇”。这样只能给孩子“屋子里真有蛇”的印象，让孩子更害怕。如果妈妈打开灯，让孩子看看屋里并没有蛇，孩子会安心睡去。

幼儿的恐惧情绪可能朝不同的方向发展：第一种是被克服，或随着孩子年龄的增长而自然消失；第二种是没有得到很好的疏导，在孩子心里留下阴影，成为影响孩子生活的障碍；第三种则是发展成重度的恐惧感，导致失眠、发烧、呆滞，成为心理疾病，影响孩子的成长发育。

一旦孩子在恐惧中大哭起来，你赶到他的身边想帮助他时，最先应该做的是搂紧孩子，让孩子把恐惧情绪宣泄出来，使他相信自己是安全的。

当你靠近他或抱住他时，他可能会推你，把你当成他的恐惧对象，好像你一靠近就要伤害到他似的。如果他哭叫着跑开，你要慢慢地再次靠近他。他可能会继续哭叫，甚至还会愤怒地打你。你应该守在他身边，并试图抱着他。为了保护自己不会被弄伤，他用手打你时，你可以用手挡着他的手臂或弯下身子，让他的拳头落到你的肩膀或后背上。如果他要揪你的头发或抓你的脸，你就轻柔而坚定地握住他的手，把它们拿开，并告诉他，只要他还想伤人，就不会放开他的手。如果他用脚踢你，你可以轻轻地把他抱起来放在自己的膝上，脱掉他的鞋，这样你就不会被踢到。允许他激烈挣扎，就是允许他宣泄恐惧的感觉。这样你就能让他闯过“难关”。

我们不应该阻止孩子宣泄恐惧或哄劝孩子，转移他的注意力，甚至斥责他。这样做只会导致恐惧埋藏在孩子的内心。他没有机会通过哭喊打闹宣泄出恐惧感，就不能面对使他恐惧的事物，也不会明白现在是安全的。

让孩子不再逃避令他恐惧的事物

帮助孩子消除对恐惧事物的不正确认识和神秘感，是使他克服恐惧感的重要方法。孩子的恐惧往往是由于缺乏知识、经验不足，或者由于错误的认识引起的。一旦明白真相，其恐惧心理便会自然消除。如孩子恐惧雷电，父母可向孩子说明雷电产生的简单道理，让孩子明白雷声只是一种自然现象，从而消除对雷电的恐惧感。

当孩子惧怕无须恐惧的事物时，成人可以诱导他逐步接近所怕事物，分步骤、分阶段消除对特定对象的恐惧，这种方法即系统脱敏法。英国教育家洛克曾说：“假如儿童对一只蛤蟆感到害怕，父母就可以把蛤蟆捉住，放在离孩子有相当距离的地方；最初叫他看惯，看惯之后，再叫他走近它，看它跳跃；然后再由别人捉住，叫他轻轻地去抚摸。这样逐步去做，一直做到他能自信地玩弄一只蛤蟆，如同玩弄一只蝴蝶或麻雀为止。”

心理学家曾用这种方法治疗过一个怕兔子的孩子。每当孩子吃饭时，关着小白兔的笼子就被带进房间里来，最初放到离饭桌最远的地方，以后一天天靠近桌子，最后可以把小白兔放出来在屋内跑。到治疗结束时，孩子一点儿也不怕兔子了。

例如，孩子怕狗，可以先让他敢于接近玩具狗，再与真狗接近。在与真狗接近时，先让他多靠近体形较小的狗，然后再教孩子如何与狗“说话”，如何与狗玩儿。这样循序渐进，孩子就会逐渐地不怕狗了。

平时父母不要给孩子讲鬼神的故事，也不要让孩子看恐怖影视片，更不要用鬼神、毒蛇、老虎之类的事物来吓唬孩子。因为孩子的恐惧通常跟想象密切关联，他们往往分不清哪些是现实真正存在的东西，哪些是想象的结果，他们会把影视、故事中的恐怖情节或画面当作现实存在的东西，引发恐惧情绪。

悲伤

——当孩子哭泣不止时

孩子的眼泪常常令父母非常抓狂。面对孩子的哭泣，尤其是歇斯底里的哭喊，父母往往束手无策。孩子为什么总是哭？如何有效阻止孩子的哭闹？孩子哭闹的背后想要的究竟是什么？父母必须学会正确认识和应对孩子的哭闹。

孩子哭泣一定有原因

哭泣是婴儿期孩子表达诉求的一种方式。由于不会说话，婴儿在饿了、尿了、困了、太热或太冷、周围太吵、无聊孤单、生病的时候，都是以哭泣来表达他们的感受与需求，来吸引家长的注意和陪伴。此时，家长应该去了解宝宝真正的需求，并且熟悉各种不同需求的不同哭声，才能准确解读宝宝的"哭的语言"，及时满足孩子的需求，以免哭闹无休止。

对于学会说话的孩子来说，哭泣更多的时候是宣泄情绪的一种方式。比如，玩具被摔坏了，自己被别的小朋友推倒了，醒来后找不到妈妈，这些事都会使孩子伤心。由于孩子幼小，感情脆弱，情绪上往往易表现为爱冲动和不稳定性。加上不善于表达和调节自己的情感，尤其是在遇到伤痛的事情时，掉眼泪是最直接、最常见的表达方式。

孩子不会说话时，哭是表达需求的主要方式。但1岁后的孩子哭了，家长该不该抱，让不让哭？有的人主张孩子哭的时候不能抱，也不让哭，否则会惯坏孩子；也有的人认为不抱孩子的父母心太硬，让孩子一个人在那儿哭太可怜，严重时可导致情绪和精神问题。

每当孩子哭泣时，父母首先应弄清楚：孩子是怎么哭起来的？是真哭还是假哭？是大哭大闹，还是小哭小闹？孩子哭的原因不一样，处理方式也应当有所区别。

如果是伤心地哭，比如摔倒了、饿了、挨骂了、玩具找不到了、要和妈妈分开了，孩子大哭不停，父母袖手旁观或指责打骂都是错误的。孩子对父母关心或漠视的态度非常敏感，如果孩子哭了却没人理睬，孩子的不安情绪就会加重。这时候，父母应该先耐心地安慰孩子，等他不哭了再去了解原因、解决问题。如果是要挟地哭，为达到某个目的又哭又闹，乱发脾气，父母则应采取另一种策略来应对。本小节讲的是，孩子伤心地哭泣时，父母应该怎么做。

“如果你很伤心，就大声地哭吧”

孩子哭的时候，父母最不应该做的就是叫孩子“立刻停止”“憋回去”，或者以威吓的方式强迫、限制孩子不准再哭。尤其是爷爷奶奶疼爱孙子，孩子一哭，马上就制止：“小祖宗，别哭了！别哭了！这是怎么了？”更不要给孩子贴上“爱哭”的标签，或动不动就对人说这个孩子“哭得像狼嚎一样”。

在孩子开始哭时，我们换一种做法——允许孩子把悲伤哭出来——就能直接调整孩子的情绪。哭泣是自然的康复过程，让孩子排除受到伤害的感觉，愈合感情的创伤。孩子努力消除自己的坏情绪时，有父母在他身边，他会感到在自己最困难的时候得到了支持和关心。一旦通过哭泣排除了烦恼，整个过程结束时，他就又可以精神焕发地面对生活。所以，倾听哭泣的孩子，能使他得益于所面对的困境，并从所受的伤害中恢复过来。

小男孩和妈妈走在一起，不小心被石块绊倒摔了一跤。妈妈蹲下来，扶起小男孩，看着他痛苦的小脸，断定摔得很疼。妈妈没有责怪儿子：“你为什么不小心一点儿？”也没有说：“坚强些，男子汉是不哭的。”而是摸摸孩子摔疼的地方，对他说：“如果你觉得很疼，就大声哭吧。”说完，妈妈把小男孩搂在怀里。奇怪的是，小男孩的哭声很快就止住了。妈妈为小男孩擦去眼泪，问他：“现在还疼吗？”小男孩摇摇头，主动拉起妈妈的手说：“妈妈，我不疼了。走吧！”

爱抚的目光和抚摩是父母能给孩子的最有力的支持。孩子哭的时候，你把他搂在怀里轻轻地摇晃着，温柔地轻抚他的头和面颊，这些举动都会把你殷切的关心直接送入他的心间，让他的情绪慢慢放松下来。

用耐心陪伴孩子走出痛苦

孩子开始哭泣时，是为了刚刚发生的事情，但他之后可能会想起以前发生的伤心事而哭得更厉害，而且时间也许会长达1小时之久。对于孩子来说，这个机会非常宝贵，他已经等了很久。你表现得越温和、包容，他哭得越久、越厉害，因为感受到了你的支持和关注。我们往往有类似的经历：在困难的时候，别人不期而至的关心会在一瞬间让我们不禁落泪。孩子也是如此，他获得的关心和安全感越多，就越容易流露情感，在哭过之后，越能深深地感受到莫大的轻松和愉快。

但是这个漫长的过程真的很考验父母的耐心。我们怎么会有半个小时甚至1个小时的时间专门来听孩子哭呢？是不是得马上送孩子去上学？晚饭是不是还没有做？睡觉的时间是不是早已经到了？大多数人觉得时间受限，没法这么做，也不值得这么做。但真正这么尝试过的父母，获得的是惊喜，还省了其他不少麻烦。比如，不再需要花时间训斥他、不停地抚慰他。请看一位教育专家讲述的故事：

a.谩骂

b.爱抚

图6–1　哭泣能愈合孩子的情感创伤

一位妈妈每天早上开车送女儿去幼儿园都痛苦万分。在和妈妈告别时，孩子都会哭闹，抓住她不松手。在妈妈指责这样做非常不对后，孩子会停止哭泣，但在幼儿园的一整天都闷闷不乐，不爱说话，不爱和小朋友玩儿。

后来，妈妈决定每天提前到校，以便用更多的时间和女儿道别，孩子哭的时候就陪在她身边。前3个早晨，孩子在车里都哭了近1个小时，妈妈就在旁边一直陪着。等孩子停止了哭泣，她就温和地说："该进学校了。准备好和我一起下车进大门了吗？"孩子就又抽泣起来，紧紧抓住她。又经过了一段时间，孩子会安静下来，向周围看看，摸摸自己的玩具或转转方向盘，然后就同意进校门了。

第4天早晨，孩子比以往哭得更厉害，但只持续了10多分钟，之后就很快决定要进校门。第5天早晨，孩子没哭，用力长久地拥抱了妈妈，说要自己一个人进校门。老师后来说，女孩的自信心在那一周里有显著增强。这个变化正是妈妈期盼的。

正如上面例子中的情况，孩子伤心地哭泣时，你要意识到这是孩子处理自己不良情绪的时刻，并把他搂在怀里，允许他哭出内心的委屈。孩子为了清除某种情感创伤，可能需要多次这样的宣泄，需要你付出相当多的时间和耐心。这样做并不是让你认可他的情绪，也不是教你纵容他。你只是在帮助他摆脱不良情绪，你的倾听可以逐渐减弱不良情绪对孩子的控制。一旦孩子完成宣泄和康复的过程，他最初表现出的软弱无能的情形会得到明显改进，自信心会得到惊人的增长。

发脾气

——当孩子撒泼耍赖时

笑笑4岁了，遇到不合她意的事情就大发脾气，又哭又叫，又踢又打，滚来滚去，折腾的时间非常长，怎么劝都不听，不达目的决不罢休。为了不让她这么闹，每次妈妈都只得让步，按她的想法来，她才破涕为笑。笑笑总这么情绪失控，妈妈该怎么办呢？

孩子为什么会经常发脾气

孩子哭泣，最初是因为不高兴，发泄得不到某件东西的不满情绪，根本没想到“哭”能解决问题。

当孩子的不当要求第一次没有得到满足时，就会用哭闹索要，家长一般不忍心看孩子哭闹，坚持不了多久，就会妥协让步。到了孩子第二次哭闹时，父母往往会意识到，这次要坚持原则了，可是当孩子哭闹得更厉害时，父母又常常因为心软再次妥协……就这样，经历一次又一次“从被拒绝到最终得到满足”的过程，孩子明白了：一哭就有玩具了，一哭就有人来关心了，一哭就能出去玩儿了，一哭就不用做某件事了，一哭就万事大吉了……于是，哭闹由最初的情绪表达演变成要挟手段，只要有什么要求不被答应，就发脾气，直到父母答应为止。孩子会慢慢形成这样的逻辑：我乱发脾气——父母妥协——我达到目的——下次（再下次）还要这样。发脾气便成了孩子表达愿望和实现要求的最直接、最有效的手段。

父母必须分清需求是否合理：如果合理，就应该满足孩子的要求；如果不合理，就告诉他现在不该得到这些东西的理由，或在什么时间、什么情况下父母可以答应他的要求，并且要坚持立场，不能妥协。孩子会渐渐认识到："因为我的要求不合理，所以妈妈才不答应。"

父母的底线应该是，不能让孩子感到要挟式哭闹有效果、有威力。下面的一些建议适合父母用来面对和减少孩子的要挟式哭闹。

坚持住原则，绝不因孩子发脾气而妥协

有时候协商不起作用，父母怎么办呢？总体的原则是，保证孩子在哭闹过程中不受到伤害，等孩子哭累了，自己停下来。

父母应告诉孩子，从现在开始，孩子如果以哭叫相要挟，父母绝对不会满足他的要求。制定规则很重要，但更重要的是对规则的坚持。

对于孩子的哭闹，父母可以"冷处理"，也就是不理他，不强迫孩子马上停止哭闹，而是告诉他："请停下来。你这样说话，妈妈听不清。好好说，不然妈妈不理你。"或者明白地告诉他："等你哭完了妈妈再来看你。"然后静静地坐在一边，或者走开，假装去忙着做别的事。理睬他、去哄他，就无形中鼓励了他的哭闹行为。如果不理他，他的哭闹失效了，哭闹的动力没了，一会儿也就停止了。

在这个过程中，父母要克制自己，保持冷静，不能露出沮丧或愤怒的情绪。父母哀叹、抱怨、皱眉、摇头、大喊大叫、摇晃孩子、打孩子或者发脾气都只会让事情更加难以收拾，反而落入了孩子的圈套，因为有时候孩子就是要激怒父母。家长可以背对孩子平复一下自己的心情，或者离开一会儿再回来。一定要"无视"孩子的言行，他吼叫的什么就当作没听见，这样孩子的哭闹行为渐渐就会减少。

a.一味妥协

b.坚持原则

图6-2 对哭闹的“冷处理”

不要给大哭大闹的孩子讲道理。因为孩子情绪不受控制，听不进任何道理。这时讲道理只是对牛弹琴。另外，也不要骗孩子说要给他买这个买那个，否则，等孩子发现上当后会更失望，发更大的脾气。

如果有必要，直接把孩子抱走。如果你和孩子处于公共场合，孩子的哭闹打扰到其他人，或者会伤害别的小朋友，或者他这样闹就是为了吸引大人的注意力，觉得周围人很多时发脾气对自己有利，在这种情况下你最好直接把孩子抱走，把他带到一个隐蔽的地方或者人少的地方，等孩子平静下来。这样做会促使孩子明白哭闹是不会达到目的的。

例如，一位爸爸直接把在玩具店里大吵大闹的儿子抱了出来，沿着马路走了十几分钟，其间孩子仍哭闹不已。感觉尴尬的妈妈则跟在后面，保持一定距离。等孩子停下来后，他们壮着胆子走进一家麦当劳吃午饭。他们担心的事情没有发生，孩子在整个用餐期间表现得又懂事又聪明。

要注意的是，家人的意见有时是不一致的，一个坚持原则，另一个心软，舍不得让孩子哭，其结果就是力量抵消，助长了孩子的哭闹要挟。采取冷处理，不理睬宝宝时，全家要保持一致，尤其是有祖辈的家庭。当父母对孩子进行教育时，祖辈最好不要出面干涉，应配合孩子父母的做法，维护父母的权威。

可以先由一位家长告诉孩子不同意他的不合理要求，并按上述方式坚持原则，其他家长可以转移孩子的注意力，引导孩子去关注另一件他觉得有兴趣的事，让孩子逐渐淡忘前面不愉快的事，淡化他的哭闹情绪。越是孩子感兴趣的事，越能更快地把孩子从哭闹中引开，如让孩子玩喜爱的玩具，打开电视让他看喜欢的电视节目，等等。

只有当孩子停止哭闹，好好说话了，父母再转过身来说：“我听到你好好说话了，你想要什么？”这样孩子就会认识到大哭大闹要挟不了父母，只有合理的要求，爸爸妈妈才会给予满足。 几次之后，孩子就有了经验，不再用哭来威胁成人了。

引导孩子表达和控制情绪

孩子终于停止了哭闹，现在你该做些什么呢？孩子和父母都感到筋疲力尽了。父母要先让自己缓过劲儿来，不要在这个时候教训孩子。“你怎么这样！”“看，你哭也没有用！”这些话毫无意义。

这时候，你可以和孩子聊聊怎么控制沮丧的情绪。你要告诉孩子，每个人都难免会心情不好，但是不能用不文明的方式来发泄自己的情绪。对于大一点儿的孩子，父母应该重点和孩子聊聊为什么会大发脾气，引导他思考下次怎么才能表达和控制情绪。

以后，如果孩子能够用你教的方法表达沮丧的情绪，你要当场表扬孩子：“你不高兴的时候告诉了妈妈，做得好！咱们一起想想怎么能让你高兴起来。”“你告诉我这让你很失望，而没有哭闹，真好！我们来看看还有没有其他能让你接受的办法。”家长甚至可以偶尔奖励一下孩子。比如，当你不同意给孩子买和他已有的飞机模型很像的那架模型时，虽然不高兴，但孩子没有立马撒泼哭闹，你可以抱抱他，或多陪他玩一会儿。这样有利于巩固他取得的进步。

小贴士

父母应对孩子乱发脾气的秘诀就是永远不要让步。父母要控制自己容易被激怒的情绪，冷静、冷静再冷静；同时改变禁不住缠磨而妥协的做法，置之不理，一直置之不理。孩子看到父母态度坚决，自然就不会经常为了达到目的而发脾气了。

安全感

——良好的亲子依恋造福孩子一生

依恋是婴儿和主要照料人之间形成的强烈情感联结。

依恋的对象一般为母亲，母亲不仅能满足婴儿生理上的需求和情感的"饥饿"，还是孩子心理上的"安全岛"和快乐的源泉。只要母亲在他身边，他就能安心、愉快地玩耍，探索周围的环境。在与母亲最亲密的感情接触与交流中，婴儿与母亲之间建立起一种特殊的社会性情感联结，即对母亲产生依恋。虽然婴儿最初的依恋对象是母亲，如果父亲与婴儿交往的时间增多，婴儿也会形成对父亲的依恋。依恋是婴儿与主要抚养者之间最初的社会性联结，也是情感社会化的重要标志。

3岁前是婴幼儿依恋形成的关键期

从降生时起，婴儿就在积极地寻找与母亲保持亲近的需要——发展依恋行为，并通过吮吸、依附、微笑等反应来建立对母亲的依恋。同时，母亲也由于婴儿的哭和笑依恋于婴儿。

心理学上一般将婴幼儿依恋的形成分为三个阶段。

0～3个月：依恋萌芽期

这一时期，婴儿对人的反应没什么差别，喜欢看人的脸，看到人就会笑。这个时候，很容易就能把婴儿逗笑。3个月之前，婴儿的笑并非表示自己的偏爱，他对所有的面孔，甚至一个纸面具，都会产生微笑。

婴儿的哭也是如此，婴儿并不是由于注视着的人离开了视野而哭，而是由于生理上的不适。只要生理上的需求得到满足，婴儿就会表现出安宁并渐渐安然入睡。而且，这个时候随便哪个人抱，婴儿都不会哭闹。

这个时候的婴儿并没有与妈妈发展起独特的一对一的依恋关系，最多也只能说是依恋的萌芽状态，对陌生人没有明显的抗拒。真正的依恋行为的产生是以认生现象的出现为标志的。

3～8个月：依恋建立期

大约在3个月左右，婴儿的行为发生了较大的变化：一反过去对任何人都友好的态度，其表示微笑的对象会局限于几个熟悉的人；当看见陌生人时，他会注视，如果陌生人对他微笑或抱起他，他才有所反应。但婴儿对悉心照料自己的母亲的反应越来越频繁，渐渐产生依恋行为，诸如依附、要求接近或吮吸、咿呀喊叫等。

到8个月大时，婴儿的行为变化更大，当陌生人靠近时，他会哇哇大叫甚至哭闹不安，并转而寻找母亲，而当他接近母亲时，一般是伸出手臂做出欲抱的姿势。这说明此时的婴儿已能敏锐地辨别熟人和生人了。这时，婴儿真正的依恋行为便产生了。

8个月～3岁：依恋明确期

8个月后，孩子越来越依恋母亲：听到母亲的声音显得相当安静；害怕与母亲分离，当母亲离开时，孩子会采取喊叫、跟随的方式来表达对母亲的依恋；母亲离开后，孩子会出现强烈的烦躁情绪或不安反应。

孩子对母亲产生了强烈的依恋，排他性尤其明显，对母亲以外的人几乎没有什么依恋行为，对人不加区别的友好态度相应减少了。

随着孩子学会说话、走路，他开始主动去探索这个世界，但是世界对他而言，既是新奇的，又是充满恐惧的。当妈妈带着一个2岁左右的孩子到一个陌生的地方时，孩子总是先依偎妈妈片刻，然后独自向前行走，但仍不时回头看看，只要看到妈妈还在场，又会放心大胆地朝前走。这时妈妈就是孩子安全的大后方，当孩子需要安全的时候，就会回到妈妈身边。所以当妈妈突然消失时，幼儿就会大喊大叫、紧张不安，甚至号啕大哭起来。

a.安全型依恋
妈妈回来时，孩子热情回应

b.回避型依恋
妈妈回来时，孩子不与妈妈目光接触

c.矛盾型依恋
妈妈回来时，孩子显得烦躁不安

d.混乱型依恋
妈妈回来时，孩子看起来不知所措

图6-3　依恋的类型

依恋的发生，存在时间、文化差异，但其模式基本一致。3岁以前的孩子，其依恋主要是集中于母亲身上。依恋的方式表现为外显的行为，诸如依附、跟随等。直至3岁以后，由于孩子开始进入幼儿园，和父母接触的机会相对减少以及孩子认知范围的不断扩大，孩子的依恋对象和方式才开始发生质的变化，进入新的发展阶段。

小贴士

3岁前是孩子依恋形成的关键期。在这段时期内，父母如果有积极的抚养行为和正确的教养方式，往往会事半功倍，使孩子更亲近父母，为今后理想的亲子关系打下基础。

亲子依恋影响孩子一生

依恋是幼儿生活中最重要的社会关系，也是个体社会性发展的开端和组成部分。法国心理学家瓦隆指出："儿童对成人的依恋是发展儿童个性必需的。如果儿童没有这种依恋心，就可能成为恐惧和惊慌体验的牺牲品，或者将产生精神萎缩现象，这种现象的痕迹可以保留一生，并影响到儿童的爱好和意志。"

美国心理学家哈洛通过一项研究比较了喂养和触觉刺激对幼猴依恋形成的重要性。

小猴子一出生就被从母亲的身边带走，接下来它们将接受两个代理母亲的抚养。两个代理母亲的脸一样，身体也都是用铁丝网构建的。区别是，一个代理母亲的身体只有光秃秃的铁线网，被称为"铁丝母亲"；另一个代理母亲的铁丝网身体裹了一层泡沫塑料，外面还罩上了绒布衣，被称为"绒布母亲"。8只幼猴被随机分成两组，一组由铁丝母亲用奶瓶喂养，另外一组由绒布母亲用奶瓶喂养。

结果显示，无论是由哪位母亲喂养，所有的幼猴几乎整天与绒布母亲待在一起，它们在绒布母亲身旁的时间平均每天达到16小时以上，总是设法待在绒布母亲身旁，与其拥抱、亲昵或在绒布母亲的怀里睡觉。那些由铁丝母亲喂养的幼猴，仅仅为了吃奶才迫不得已离开绒布母亲，吃完后便迅速返回到绒布母亲这里。

绒布母亲和铁丝母亲喂养的幼猴，体重以相同的速率增长，但铁丝母亲喂养的那组幼猴在对奶的消化上产生了障碍，并且腹泻的频率更高。这说明，缺少母亲的接触安慰会使幼猴产生心理上的紧张。

恐惧物体的实验进一步证明幼猴对绒布母亲的依恋。每当幼猴发现自己正面对一些害怕的事物时，它们便很快跑向绒布母亲，并抱住它以获得安慰和保护。随着幼猴年龄的增长，这种反应变得更加强烈。另外，无论是铁丝母亲喂养的幼猴，还是绒布母亲喂养的幼猴，当它们害怕时，都会到绒布包裹的代理母猴那里寻求安全感。

研究证明，接触安慰对幼猴与母猴间依恋关系的发展具有极其重要的作用。事实上，对于幼猴而言，接触安慰在依恋关系的形成中比母猴提供乳汁的能力更重要。当然，实验的结论并非局限于恒河猴，由于人类与恒河猴的基因相似，使得这一结论可以推广到人类社会中，从而说明了幼儿早期时接触安慰对幼儿依恋的形成与发展的重要意义。

不同类型的依恋对儿童发展的影响是不同的。形成安全型依恋的孩子，能热情主动地接近问题，表现出探索的兴趣，易听从成人的指导，善于自我调节；遇到困难较少表现出消极情绪反应，必要时能向在场的成人请求帮助，但又不太依赖成人。

安全型依恋的2～3岁幼儿在玩伴中有更强的人际吸引力，积极、利他行为比较多；而非安全型依恋的幼儿常对同伴做出消极、攻击的行为，因此人际吸引力差。据调查，在校大学生的敌对态度以及社交技能的缺乏都同非安全型依恋有关。

安全型依恋预示着健康的人际交往和良好的人际关系，而非安全依恋可能导致人际交往障碍。所以，从婴幼儿起，父母或教养者就应该努力建立安全型的依恋关系。

父母最好自己养育孩子

在日常生活中，我们会看到：孩子小的时候由谁带大，长大以后往往就和谁更亲近。亲子依恋的建立有一个类似于动物的印刻期（人或动物有在刚出生时认母的现象，叫“印刻期”），如果父母在印刻期里错过了和孩子建立依恋的时机，那么孩子和父母之间的关系将会疏远，很难弥补。

现在很多家长工作忙、压力大，没时间照顾孩子，孩子往往由祖辈照料。这些孩子也能受到细心的抚育和呵护，但依恋的对象往往不是父母而是爷爷奶奶或外公外婆，对自己的父母虽然不厌恶与拒绝，但是表现得比较冷淡。而且，一旦对隔代人形成亲密依恋关系，就具有了相当的稳定性，以后父母将难以取代，这种亲子之间的隔阂可能一辈子都很难消除。父母自己抚养孩子，有助于孩子形成安全的依恋。

自己养孩子，首先从母乳喂养开始。在哺乳过程中，婴儿不仅获得了养分和抗体，还会感受到母亲的温度和味道，这是一种心理上的满足、精神上的享受，有利于培养良好的亲子关系。此外，躺在妈妈的怀里，和妈妈皮肤对皮肤的接触，加上妈妈甜美的笑容、柔声的呵护，宝宝可以感受到温馨的母爱，这满足了婴儿对温暖、安全及爱的需求，而母亲也享受到为人母的满足，从而增进母子感情。

许多家长存在类似的担心：“因为工作比较忙，生了孩子之后，我一直把孩子放在老家养，每半个月或一个月回去看一次。现在孩子已经快2岁了。我心里一直很愧疚，怕对她以后有不良影响。”留守儿童的问题不容忽视，也许孩子们的物质生活并不匮乏，但他们心灵深处的缺失是难以填补的。父母的陪伴直接决定亲子依恋关系的质量、安全感的建立。

但安全感的建立也不是一蹴而就、一成不变的，父母及时调整还来得及。建议父母进一步调整工作与家庭的关系，多抽出时间，定期陪伴孩子，利用网络多与孩子视频通话，同时提高陪伴质量，满足孩子被关注、被爱的心理需求。短暂重逢时，需要用平常心看待孩子，既不要怀着补偿心理过度迁就、溺爱孩子，也不要将孩子不亲近、不服管教的行为全归结于老人的养育。针对孩子的行为问题，不要当着孩子的面怪罪老人，应私下与老人沟通，通过协商达成一致。

长期由保姆照顾孩子会削弱亲子依恋关系。因为父母照料孩子的时间很少，保姆就成了孩子的主要抚养者，孩子的依恋对象极有可能转移到保姆身上。如果频繁更换保姆，孩子就要不断克服和陌生人相处的恐惧，会很烦躁，且会出现更多的哭闹。无论是长期固定的保姆还是不断轮换保姆，实际上都削弱了亲子的依恋关系。因此，不管请不请保姆，父母都应该特别加强与孩子的交流，不要以为请了保姆就可以省事了甩手不管了。

小贴士

不要经常更换主要抚养者，更不要突然更换。必须更换时一定要给儿童一个适应过程，且抚养方式不要发生太大改变，以免引起儿童过分的焦虑；同时抚养者对待儿童的方式要保持一致，不要经常变化，否则会因儿童无法有效地组织自己的行为而导致不安全或无组织、无定向的依恋。

迅速回应孩子的合理需要，多和孩子亲密接触

照料者对孩子的需要很敏感，对孩子的要求做出适当的反应，对建立孩子的安全依恋非常重要。如1岁以内的孩子哭了，可能是饿了、冷了、累了、尿布湿了，或者想要和父母玩儿、想要父母抚摸，这些都需要细心的妈妈及时正确地予以处理。这个时期，宝宝与妈妈处于“共生期”，也是与宝宝建立良好的亲子依恋关系的关键，即宝宝要什么，妈妈就给什么。只要妈妈随时出现，满足宝宝的任何需求，宝宝就能感觉到自己是安全的、被爱的。如

果孩子发出的信号总是得不到回应，婴儿就会陷入一种“无助状态”，逐渐放弃对环境的探索，常常表现出冷漠、被动和退缩，反应迟钝，发育缓慢。

有的父母有这样的疑惑：“我家宝宝没满周岁，每天都哭好几回。家里人特别心疼，孩子一哭就抱起来哄。听人说，多抱孩子能建立安全感；也有人说，孩子哭了不要立刻抱，否则时间长了会惯坏孩子。我该怎么做呢？”其实，这么大的孩子需要的是无条件的满足。不要怕会惯坏宝宝。这样宝宝才能信任周围的人与环境，建立安全感。而有安全感的宝宝，以后会更容易沟通和管教。当宝宝哭时，即使无法立刻满足，也要第一时间做出回应。比如，奶粉还没有冲好，可以说：“宝宝还要稍微等一下，妈妈正在给你冲奶粉呢。”得到即刻回应后，宝宝会更安心，更容易安抚。

妈妈要多与孩子进行身体接触，如拥抱、抚摸、亲吻等。婴儿抚触操就是一种很好的方法，特别是在孩子哭闹不止的时候，抚触操能给予他最真诚的抚摸和拥抱。也可以在宝宝吃奶的时候，用手轻轻抚摸宝宝的身体，由额头到脑后，由头到脚，再由身体中心向手脚前端抚摸，动作要柔和缓慢，以便让宝宝感受到妈妈的爱抚，从而促进依恋的产生。也可一边喂奶一边跟宝宝说话，让宝宝熟悉妈妈的声音。多看看宝宝，和宝宝进行目光的对视，让宝宝熟悉妈妈的脸，感受妈妈的存在。当宝宝发出一些声音时，积极地模仿宝宝的声音，让宝宝感觉到妈妈在关注自己，并且是喜欢自己的。总之，要给孩子一种归宿感和信任感。

小贴士

父母要给予婴儿及时、积极的关注，让他感觉自己处于安全的地方，感觉到“我是可爱的”。在这样的环境里长大的孩子会信任他人，获得安全感。如果缺乏这种满足感，忽视、武断和不一致的抚养行为，会让婴儿产生“我不受欢迎，我讨人嫌，我一无是处”的感觉，容易形成非安全性依恋，长大后容易形成偏执的性格倾向，不信任他人或过分地需要别人的夸奖。

千万别对孩子说“不要你了”

有的家长在自己生气时、想让孩子屈服时，例如孩子在商店耍赖要买玩具时，会威胁孩子说：“如果你再这样，妈妈不要你了，把你留在这儿！”再如，孩子哭闹时难以安抚，父母很疲惫、很烦，就说：“再不听话，我就不要你了！”“把你扔出去！”

孩子听你这样说后，可能会乖乖地屈服，不再闹腾，虽然不良行为得到暂时缓解，但孩子的心里将埋下恐怖的种子，想象自己被父母遗弃，一个人孤孤零零的情景。要知道孩子都是非常害怕被父母遗弃的，但是许多人却不重视这一点，而且经常把这当成玩笑或口头禅。

图6-4 孩子最怕被父母遗弃

父母应该珍视孩子包含着浓浓爱意的依恋，不要和孩子玩“遗弃”的游戏。如果别人这样逗你的孩子：“你妈妈（爸爸）不要你了。”一定要制止或事后向孩子说明这只是个玩笑，永远不会发生，避免伤害到孩子柔弱的心。

认生

——当孩子出现陌生人焦虑后

婴儿到六七个月时，忽然一反常态，开始害怕陌生人，原来谁都让抱的他忽然表现出退缩、躲藏、哭泣、尖叫等行为，想离开他面前的陌生人，陌生人越是想接近他，他就越退缩。下面的情形是非常普遍的。

当妈妈带着一个陌生人进来时，8个月大的亮亮正坐在客厅的地毯上。这个陌生人走过来弯下腰对他说："嗨，亮亮，你好！还认得我吗？"亮亮盯着那个陌生人看，过了一会儿，哇的一声大哭起来，然后转身向妈妈爬过去。

小敏已经15个月大了，但是很怕生。妈妈带小敏到朋友家玩儿，她死活不愿意在朋友家待，非闹着要回家，搞得大家都很尴尬，最后不欢而散。小敏很喜欢出去玩儿，但见到陌生人的第一反应就是大哭，而且一定要妈妈抱。

南南在家活泼开朗，可一出门就蔫儿了。小区里的邻居想抱抱他，他赶紧把头埋进妈妈怀里，双手紧紧地拽着妈妈的衣服。家里来个客人，他一定拽着妈妈不松手。

这种对陌生人的警惕，在生活中被称为认生、怯生、怕生，在心理学里被称为“陌生人焦虑”，这与婴儿接近熟人时经常表现出来的微笑、咿呀学语和表示欢迎的神情形成鲜明对比。

陌生人焦虑一般在六七个月开始出现，到1岁左右时最明显，2岁时逐渐下降，直到6岁时还不能完全消失，尤其是在陌生环境被陌生人接近时，孩子还会表现出警觉。

有的孩子很怕生，延续时间很长；有的孩子则不那么怕生，延续时间也短，好像没有发生过。这说明在陌生人焦虑方面孩子之间的个别差异较大。

孩子为什么会怕见陌生人

陌生人焦虑是婴幼儿发展过程中的一种正常表现，绝大多数孩子都会出现。这是已经产生依恋的婴儿对生人的一种自然反应，具有一定的积极作用，比如能发挥保护功能，使幼儿避免从不友好的陌生人那里受到伤害。当见到熟悉的亲人时，孩子知道这些人能给他带来欢乐和安全，所以就高兴、兴奋；当陌生人出现在孩子面前时，他不知道他们会对自己怎么样，他当然会担心、忧虑和害怕。这是孩子情感和智力发展的结果。

如果孩子生性胆小或父母教养方式不正确，导致陌生人焦虑非常严重，这种正常情绪的消极作用就会很突出，会限制与别人尤其是别的孩子交往，失去许多有利于自己身体发育和心理发展的机会。有时候，这种恐惧感还会影响到孩子一些必不可少的重要活动，如到医院看病、正常地入幼儿园等。

帮孩子克服陌生人焦虑

孩子怎样克服陌生人焦虑？这主要取决于父母的态度和做法。强迫或者不管都不是理智合适的做法，适当地引导才可以让孩子慢慢放下戒备心，认识到陌生人也是可以信任的。

父母要友善热情地对待陌生人

父母对待陌生人的态度对孩子会有很大影响，当带着孩子的爸爸妈妈向陌生人表达热情的问候，或以热情的语调向孩子介绍陌生人时，孩子的陌生人焦虑会减弱。因为爸爸妈妈的这些举动可以引发儿童心理上的社会参照。

一定要有熟人在孩子身边

如果妈妈或其他亲人没有陪在孩子身旁，孩子会对陌生人产生更多的消极反应。大多数6～12个月的婴儿只要坐在妈妈的腿上，就不会十分害怕陌生人的接近；但是，假如让他们坐在离妈妈一两米远的地方，甚至离妈妈只有几十厘米远，当陌生人接近时，他们就会又哭又闹。所以，不能让孩子单独和陌生人在一起，父母要陪在身边，最好是抱着孩子，让孩子处于你的安全保护之下。父母要用温柔的语调和话语去安抚他，给他安全感，这样可以减轻孩子的焦虑。有的父母为了打破尴尬的局面，将见到陌生人（往往是父母的朋友、同事、邻居）后开始哭闹的宝宝强硬塞给陌生人抱，真是大错特错了！

比如，当你的朋友来到家里，你可以高兴地向孩子介绍："这是李阿姨，专门来看你呢。"如果宝宝显得不安，你要抱着他说："你是不是忘了李阿姨，有点儿紧张？没事儿，来，妈妈抱着你。"等孩子的情绪缓解之后，你可以慢慢拉着孩子靠近朋友，并说："李阿姨想抱抱你，可以吗？"如果孩子不反对，那就让朋友抱一下；如果孩子不愿意，就先不要勉强。不能一下子把孩子交出去让朋友抱，以免本来已慢慢消解的陌生人焦虑又一下子膨胀起来。

请陌生人不要"冒失"

孩子对陌生人的反应常取决于陌生人的行为。如果陌生人先让孩子占有主动地位并控制他们之间最初的相互作用，在孩子眼里这个人就容易变得更友好。相比之下，假如陌生人冒冒失失地与孩子接近，并试图控制他的行为（例如想把孩子抱起来），就会引起孩子的恐惧感。

a.强行把孩子交给陌生人

b.主动缓解孩子的焦虑情绪

图6-5 帮孩子克服陌生人焦虑

心理学实验证明，如果把10个月大的婴儿领进一间陌生的屋子，只过1分钟，陌生人就和他们接触，那么90%的孩子会产生恐惧；但如果让他们花10分钟的时间熟悉环境，就只有大约50%的孩子对陌生人作出消极反应。

父母可以对陌生人说："孩子怕生，请先不要马上接近他，与他保持一定的距离。"陌生人要先对孩子微笑，表示友好，给他一个玩具，慢慢靠近他，让他的警惕、不安全感减弱之后再抱他。

另外，如果陌生人的外貌看起来与普通人不一样，甚至"可怕"，孩子的焦虑也会加重。比如，身穿白大褂、脖子上挂着听诊器的医生，就可能引起孩子的警觉。经验丰富的儿科医生可能会先摘下听诊器，甚至脱下白大褂，使患儿把他们看作普通人。所以，如果你的朋友是戴着大墨镜的男士，得先让他摘下眼镜。陌生人如果使自己看上去像个"大孩子"，笑声朗朗，天真活泼，这样的表现很容易与孩子迅速地建立起亲密关系。

多带孩子去不同的场合、见不同的人

家中每一个成员都要陪孩子，这样孩子就有较多的与他人交往的经验，对他克服陌生人焦虑有好处。

多带孩子到街上、超市、游乐场等公共场所去，多看，多听。创造机会让孩子和别人交往，比如带他到邻居家串门，请邻居带孩子来家里和他玩儿。让孩子对不同的环境、不同的人建立初步的了解与认知。

当孩子被陌生人逗引而害怕以至于哭泣，千万不要数落孩子，甚至打骂孩子（误以为这样就能给陌生人面子），而要抱紧他、安慰他，让他有安全感。

小贴士

父母不能因为过度保护而不让孩子接触陌生人，也不能急切地强迫孩子接触陌生人。父母可以巧妙地提示陌生人更和善些，让陌生人开始时和孩子保持一定的距离，然后再通过微笑、打招呼等方式接近孩子，与孩子沟通交流。

Part 7

自我意识
——孩子觉醒的力量

自我意识，也称自我，是一个人对自己的认识和评价。它不是与生俱来的，而是在后天的生活中逐渐形成的。

新生儿还不能把自己同外界环境区分开来，没有自我意识，所以经常会发生把自己的小手或小脚当玩具来玩耍的情况。一般需要经过20多年的发展，直到青年中后期才能形成比较稳定、成熟的自我意识。

自我意识是儿童社会化的重要组成部分，是个性成熟水平的标志，也是推动个性发展的内部动因，在人的发展中有十分重要的作用。

自我意识是人的自觉性、自控力的前提，对自我教育有推动作用。只有意识到自己是谁、应该做什么，人才会自觉自律地去行动。一个人意识到自己的长处和不足，有助于他发扬优点、克服缺点，取得自我教育积极的效果。

“我的！我的！”

——重视孩子的自我意识

很多妈妈都发现，2岁左右的孩子不愿意和别人分享玩具，就算是他自己不想玩的也绝不让别的孩子动，谁一拿，他立刻就说：“我的！”有的小朋友见到别的小朋友玩东西，就要跑过去不由分说地抢过来，而且振振有词地说：“我的！”然后强行据为己有，妈妈们总是被弄得哭笑不得。

在这个年龄段，孩子认为什么都是“我的”，拿什么都是“我的”，总之全都是“我的”，好像这时候他们唯一的事情就是看着“我的”所有东西，除此之外的任何事情都不重要了。

父母为此常常感到不解和难堪，觉得没法改变和说服孩子，甚至习惯性地把孩子的这些行为解释为自私和小气的表现。实际上，这个时候孩子的这种表现和自私一点儿关系都没有，而是孩子自我意识发展的结果。

下面，我们来看看婴幼儿的自我意识是如何发生、发展的。

0～8个月：没有自我意识的时期

婴儿最初不能意识到自己，不能把自己作为主体去同周围的客体区分开来。几个月的婴儿不能意识到自己身体的存在，甚至不知道手、脚是自己身体的一部分。我们常常可以看到七八个月的孩子咬自己的手指、脚趾，有时会把自己咬疼而哭叫起来。他会啃咬自己的脚趾，吸吮自己的小手，就像在啃咬和吸吮一个玩具一样。

倘若从婴儿手中拿走一个玩具并当着他的面放在他衣服内的肚皮上，他也不会主动伸手去将玩具拿出来，贴在他肚皮上的玩具就像长在身上的一块肉，作为主体的他和客体玩具之间的界限是模糊不清的。这说明此时的婴儿完全没有对自己的清醒认识。

让婴儿对着镜子，他会显示出对镜中人物的兴趣，高兴地注视它、接近它，并咿呀作语，但他还未意识到镜子中的宝宝就是自己。

8个月～2岁：认识生理自我的时期

为了弄清婴儿是否能认知他们自己，心理学家做了一个实验，让9～24个月的婴幼儿对着镜子照一会儿，然后把红颜色涂在孩子的鼻子上。结果显示，当鼻子上被点上红之后，所有的婴幼儿都有更多的自我指向行为，如更多地对自己微笑，指点自己的镜像等，这表明婴幼儿已经具有认识自我表现的能力。但是，幼儿要到15个月大时才能真正对着镜子触摸自己的鼻子、扭头等。可见，15个月可能是幼儿自我意识发展的一个关键时期。

在掌握有关的词后，孩子开始知道了自己身体的各个部位，如脸、头、眼睛、鼻子、耳朵、手、脚、肚子等，并能知道这些部位是属于自己的，而不是别人的，自己是可以自由支配这些部位的，可以通过动作部分地达到自己的目的。

有人做过实验，将这时的孩子手里玩的玩具拿走放入他衣服里的肚皮上，他会立即伸手拿出玩具。这表明孩子已充分地意识到自己与其他事物的界限和自己的力量，孩子的这些意识实际上是在不断扔皮球、推小车、拿玩具等活动中逐渐发展起来的。我们常见到这样的情形：这时期的孩子不小心将手里的玩具弄掉，成人马上捡起递给他，之后，他会有意地把玩具反复扔到地上，看见成人去捡，他会高兴得笑出声来，似乎从中获得了极大的乐趣。

孩子开始意识到自己对物的所有权。如果别人拿走属于他的东西，例如衣服、玩具、食物等，他会表现出明显的不高兴或愤怒，而且因为意识到失去自己的东西而哭得很厉害，不得到抚慰他甚至没有要停止的意思。当别人把玩具还给孩子时，失而复得又会让他破涕而笑，激动不已。孩子是通过占有属于自我的东西来区分自己和他人的，当孩子占有了自己的东西，当这个东西完全属于他时，孩子才能够感觉到“我”的存在，这也是孩子自我诞生的重要体现。

随着自我意识的较快发展，孩子开始知道自己有名字这回事，对别人呼唤自己的名字能做出反应，并知道这一名字专属于他自己。这时孩子也会称呼自己，但称呼自己时所用的名称是别人称呼他时的名称，比如他会说“这是宝宝的”“宝宝要”“贝贝乖”等，称呼自己就像称呼别的小朋友一样，还不会用“我”这个词。

2～3岁：认识社会自我的时期

孩子更多地认识到自己的特征、自己的能力，而且开始学会用“我”这个词来明确地称呼自己。孩子用“我”称呼自己被认为是幼儿自我意识发展中的一个飞跃，从此孩子的自我意识进入了一个崭新的发展阶段。

由于自我意识飞速发展，儿童越来越多地意识到自己的能力，意识到自己可以完成一些力所能及的事情，于是对许多事情竭尽全力要求“自己来”，孩子的独立性意识开始萌芽。此时，孩子一反过去听话和对父母较强的依赖性，呈现出个性心理“自我”发展时期的特征，力图摆脱父母的约束，闹“独立”，爱说：“就不！”“我就要！”这个阶段的孩子经常会说“不”，这是他自我意识的萌芽。因为他相信自己什么都能做，所以他什么都想亲自尝试，可是，事实上许多事他不能做。如果一件事他付出很大的努力却不能完成，他也许会大哭大闹发脾气。

心理学家称此时期为“第一反抗期”。无经验的父母常对此感到手足无措，甚至责骂孩子。如处理不当，会导致幼儿表现出情绪不安、脾气不好、执拗、任性、对人不友好等性格特点。父母要因势利导，培养幼儿的独立性、主动性、能动性等，使自我意识能力得到健康的发展。

两三岁孩子的约束性逐步发展起来。约束性顺从是指儿童全心全意、心甘情愿地遵从成人的要求而约束、调节自己的行为，它是儿童由外部控制逐渐过渡到自我控制的中间环节，对儿童自我控制的形成具有重要意义。

3～6岁：幼儿的自我认识更广泛、更深刻

幼儿自我意识的发展主要表现在自我评价、自我体验和自我控制等方面。随着年龄的增长，幼儿在这些方面都有较大的进步，具体表现为以下几个方面。

幼儿的自我评价

“自我评价”是对自己能力、品德、行为等方面社会价值的评估，最能代表一个人自我认识的水平。

幼儿从顺从成人的评价发展到开始独立评价。幼儿自我评价的发展首先是根据成人的评价作为自我评价的依据。如3岁儿童在回答自己是好孩子的原因时说：“妈妈说我是好孩子。”然后，幼儿开始根据某方面的行为对自己进行评价，进而能从多方面进行自我评价。4岁儿童从个别方面或局部评价自己，说自己是好孩子的原因是“我不打人”或“我帮老师收积木”；5岁儿童说“星期天我帮妈妈扫地、抹桌子、刷碗”；6岁儿童的自我评价表现出多面性，如“我是好孩子，客人来了我主动问好，我上课发言好，帮老师……”等。

幼儿主要是对外部行为作评价，还不能深入到内在品质的评价。三四岁的孩子一般只能评价一些外部的行为表现，还不能评价内心状态和道德品质等。问他：“为什么说你自己是好孩子？”4岁儿童回答“我不打架”或“我

不抢玩具”。只有部分6岁儿童处于过渡状态，涉及一些内在品质，但不属于真正的对内在品质的评价。如一个6岁儿童说自己是好孩子，因为“我不撒谎，上课坐得正，不欺负小朋友”。

a.0～8个月：没有自我意识　　b.8个月～2岁：认识生理自我

c.2～3岁：认识社会自我　　d.3～6岁：自我认识广泛而深刻

图7-1　孩子的自我意识发展

幼儿的自我评价常常带有主观情绪性。在一个实验里，让幼儿对自己的绘画和泥工作品同别人的作品作比较性评价。当幼儿知道比较的对方是老师的作品时，尽管这些作品比自己的质量差（这是实验者故意设计的），幼儿总是评价自己的作品不如对方。而当幼儿将自己的作品和小朋友的作品相比较时，则总是评价自己的作品比别人的好。这一试验结果充分说明了幼儿自我评价的主观性。幼儿一般都会过高评价自己。随着年龄的增长，自我评价逐渐趋于客观。在良好的教育下，处于幼儿末期的儿童逐渐能够对自己做出正确的评价，有的儿童则出现谦虚的评价。

幼儿的自我体验

自我体验是自我意识在情感方面的表现，如自尊心、自信心、优越感、羞愧感、责任感等。

幼儿自我体验不断深化，表现为从与生理需要密切联系的愉快，向社会性体验诸如自尊、羞愧发展。3岁幼儿23%左右有愉快自我体验，有羞愧感的儿童只占3%左右；6岁儿童中97%都具有愉快感和羞愧感。

幼儿的自我体验容易受成人的暗示，尤其是3岁幼儿，他们只有在成人的暗示下才会有羞愧感，如当成人问3岁儿童："如果在游戏中违反游戏规则又被老师发现，觉得难为情吗？"有27%的3岁儿童给予肯定回答，但当实验者改用"你觉得怎样"进行笼统提问时，只有3%的3岁幼儿有自我体验。5～6岁幼儿的暗示性差异不大。

幼儿的自我控制

自我控制是自我意识的意志成分，是一个人对自己行为的调节、控制能力，包括独立性、坚持性和自制力等。

幼儿自我控制的发展主要表现在独立性、坚持性和自制力的发展方面。从3岁左右，幼儿开始"闹独立"，什么事都想自己来，这是幼儿独立性发展的表现。随着年龄的增长，幼儿的独立性越来越强，可以自己做很多事情。但3～4岁幼儿的坚持性、自制力都较弱，只有到了5～6岁时，幼儿才有一定的坚持力和自制力。5～6岁女孩的控制力比男孩强。这可能与女孩心理成熟水平比男孩强有关。总的说来，自控力水平都不高。

小贴士

幼儿的自我意识随年龄的增长而发展，自我评价和自我体验都有了一定的发展，但发展水平还比较低，自我控制还基本没有发展起来。

“我是好孩子吗？”

——培养孩子正确的自我评价能力

乐乐妈妈和妞妞妈妈在聊天，妞妞在旁边玩儿。

乐乐妈妈说：“你看，你家妞妞比我家女儿还小1岁，喝水、穿衣服特别自觉，不用你操心，不像我女儿那么调皮，老师说她坐不住，眼瞅着就要上小学了，可愁死我了！”

妞妞妈妈听了也开始数落自家孩子：“你女儿每天回家还练钢琴呢，一弹就是1个多小时；我家妞妞可不行，一点儿不喜欢弹钢琴，弹10分钟就叫苦，真是后悔给她买钢琴。”

一旁的妞妞听了很不高兴，走过来冲着妈妈说：“妈妈，老师今天还表扬我呢，让别的小朋友向我学习。你怎么不表扬我呢？”

妞妞渴望得到赞扬的心态，说明幼儿心理发展过程中的一个现象：幼儿自我评价的发展。幼儿对自己评价的能力是较差的，成人的态度对儿童的自我评价有着重大的影响。

幼儿的自我评价能力发展比较晚，一般认为在3岁左右。幼儿在自己的活动中听到成人对别人和对自己的评价，并从这些评价中获得肯定的或否定的情绪体验，进而模仿成人对自己的行为进行评价，最后才逐渐形成自我评价能力。一般来说，幼儿自我评价的能力落后于评价他人的能力。

我国幼儿自我评价缺失问题较为普遍。由于现在幼儿大都是独生子女，容易以我为中心，不尊重他人，事事都“要我第一”“我最好”，造成幼儿自我评价过高。而家长们的“望子成龙”“望女成凤”心切，一些教师要求过高，不考虑幼儿的年龄特点和实际水平，一旦孩子达不到要求，便加以责怪和埋怨，久而久之孩子便对自己失去信心，导致孤僻和自卑，又很容易导致幼儿自我评价过低。

因此，培养幼儿自我评价能力，帮助幼儿正确认识自己，促进幼儿健康成长是幼儿教育中一个十分现实而必要的课题。

少和别人的孩子比，多拿孩子的现在和过去比

家长们在一起时，聊得最多的就是孩子，常常能听到这样的谈话：“你家的孩子真聪明，都能数到100了，我家的孩子就只知道玩儿。”“东东唱歌真好听，看你唱得像狼嚎！”家长们喜欢把自己的孩子和别人的孩子进行比较，这种横向比较终究会分辨出一个优劣来，多半家长都愿意用自己孩子的缺点和别人孩子的优点进行比较，这样一来，自己孩子的缺点就被放大了。

在幼儿心中，父母和老师是权威的象征，他们的表扬和批评往往是幼儿评价自己的标准。父母片面的横向评价就让幼儿形成了这样的自我评价：我不够好，比不上别人……幼儿渐渐会形成自卑、阴暗的心理。反之，如果一个家长喜欢用自家孩子的优点和别人孩子的缺点进行比较，这样优点被放大了，孩子就会认不清自我。

父母应更多地关注孩子自身取得的发展、进步，即进行纵向比较，而不是总将他与同伴进行横向比较。要用发展的眼光看待孩子，看到孩子自己的成长。

a.横向比较

b.纵向比较

图7-2　横向比较与纵向比较

所以，父母应该这样来评价孩子：上次的画有些乱，而这次有了很大的提高；上周上幼儿园时每天都哭闹，而这周只哭闹了3天……父母把孩子的过去和现在进行比较，就显得更加客观。看一个孩子，不要看他是不是比其他孩子强，而是要用他现在的成绩和以前的成绩比较，看是不是有所进步。当孩子已经相当努力时，就别说“没有拼尽全力”“没有达到你的最高水平”“没考第一”……想想看，现实中有几个人总能这么完美呢？！

用具体的描述评价孩子的行为

很多父母经常用“你很好”“你很棒”“你很乖”“你很懂事”之类过于笼统的词语来评价孩子。孩子往往不理解什么是好、什么是不好，也不知道究竟是哪些方面表现得棒，哪些方面不棒。这种评价（包括表扬与批评）的内在含义对孩子来说是抽象的，是模糊不清的，很难被理解，不容易起到真实评价的作用。

父母应该用描述法代替评论法。所谓描述法是指用赞赏性的语气对幼儿的行为表现、行为结果、心理感受等进行具体的描述，说出孩子哪里棒、哪里乖、怎么棒、怎么乖，而非直接对行为结果给予实质性的判断。

例如，用描述法表扬孩子是：“你在画中给花朵用了很多鲜艳的颜色，这些花看起来很美！”而评论法是：“你画得很棒！”评论法常常忽略孩子的行为细节或行为本身，直接对行为结果进行总体性质的判断。

因此，我们应根据幼儿活动的结果，用他们最熟悉的语言对其行为进行具体描述。比如，孩子很勤快，帮助妈妈把桌子上的东西收拾好，桌面变得很干净。这时，妈妈就用描述式的语言来说：“你很快就将桌子上的东西整理好了，你的小手真勤快，你真是妈妈的好帮手！”接下来，启发孩子进行自我描述，让他说说自己是如何帮助妈妈整理桌面的。

a.评论法

b.描述法

图7-3　评论法与描述法

父母还可以将孩子值得赞赏的行为总结为一个词或一句话。比如，对于能与别的小朋友分享玩具的孩子，父母在让他了解其具体行为特点之后，就用一句话来总结，例如“愿意和大家一起玩儿，一起快乐”，幼儿就会了解到自己的这个优秀品质。

引导幼儿学会评价自己

幼儿由于年龄小、认知水平低、分析能力弱，自我评价能力刚刚开始，还没有完全形成。对大班幼儿自我评价能力的调查显示，只有10%的幼儿能较正确、较具体地评价自己，46%的幼儿过高评价自己，38%的幼儿过低评价自己，还有6%的幼儿不会评价自己。这说明幼儿还不能正确认识自我。因此，父母和老师需要帮助幼儿认识自我，为幼儿提供评价的机会。

比如，在接孩子回家的路上，父母可以问问幼儿：“你玩得怎么样？”“你在手工课上做的手工好吗？”“今天做操你表现怎么样？”以后，可以进一步提问：“你的手工做得哪儿好？哪儿不好，怎样改就好了？”“你在游戏中玩得好吗？为什么？”逐渐引导幼儿从笼统简单的评价向具体细致的评价发展。

父母也可以让孩子在评价自己的同时，学习评价别人。比如请孩子评价班上谁最有礼貌，谁最守纪律，哪个小朋友最关心集体，他是怎么做的，等等。这样评价机会和内容多了，孩子在评价别人的过程中也能认识自己。经过多次反复练习，孩子自我评价的能力就会逐渐提高。

父母要引导孩子观察、认识自己，体验自己与他人的不同。例如，在讲《动物王国》这个故事的过程中，可以和孩子一起讨论动物的本领：鸵鸟奔跑的速度很快；大雁飞得很高……通过讨论，孩子知道动物都有自己的本领。接着，让孩子谈谈自己最强的本领是什么。这种引导能让幼儿知道每个人都有自己的长处。

只有既能看到自己的价值和优点，又能看到缺点和不足的人，才可以客观、全面进行自我评价，才会充满自尊和自信，并能较自觉地改正缺点，进行自我教育。

“我不想在别人面前被批评！”

——呵护孩子的自尊

东东是一个大班的孩子，有一天中午他尿床了。下午妈妈来接他的时候，老师把这件事告诉了妈妈。妈妈一听，顿时火冒三丈，大声呵斥东东：“你怎么搞的？这么大了还尿床！你羞不羞？尿急你不会去上厕所啊？”旁边小朋友听了也说道：“是啊，我都不尿床。”“都大班了，还尿床！”东东听后哇的一声哭了，第二天说什么也不肯去幼儿园了，可见妈妈前一天当众批评他给他的自尊心造成了多大的影响。

每一个孩子都有自尊意识，都渴望被尊重，尤其是被家长和老师尊重。如果一个孩子在班级中不被重视，在集体中没有施展能力的机会，或者在老师和家长面前受到过多的指责、批评，甚至是讽刺、挖苦，自尊心都会受到伤害。

在细微处呵护孩子的自尊心

自尊是指一个人在社会比较过程中所获得的对自我价值的积极情感体验。一位心理学家曾说：“有千百种方法可以让孩子失去自尊心，但重建自尊却是一个缓慢而困难的过程。”的确是这样，幼儿的自尊是在日常生活中逐渐培养起来的。父母在孩子面前所说的每一句话、每一个举动，都有可能深深地影响孩子的心理健康。父母要像爱惜眼睛一样爱惜孩子的自尊心。

请看下面这位智慧妈妈是如何呵护孩子自尊心的：

一次，我带儿子去学画画。下课的铃声响了，我走进教室，看见他正焦急地等着我。黑板上照例挂着10多张同学的画（画得好的，在下课之前被老师挂在黑板上，让同学讲评）。我看他的画在书桌上对折起来，用画笔压着，表情很不自然。看我走到他身边，他一手拿书包，一手拿着画和画笔，急匆匆往外走，边走边说："妈妈，快走呀！"似乎走慢了会给他更大的伤害。我心领神会地紧跟着他。的确，那幼小的心灵是容易在众人面前受伤害的。

我心疼4岁多的孩子受到挫折。不过，正所谓"愈挫愈勇"，重要的是父母是否支持他。当时我什么话都没说，只是轻轻地抚摸他的头。此时，他已知道妈妈根本没有责怪他的意思，说："妈妈，咱们去商场买礼物吧（准备在圣诞节送幼儿园小朋友的）！"

我笑了，他也笑了。我俩笑得都很开心，也很轻松……

保护孩子的自尊心，真的需要父母在细微处下功夫。孩子的心灵是非常脆弱而敏锐的，需要成人的细心呵护和理解。只有这样，他才会感受到真正的自尊，发展出自信。

若把儿童看成不懂事的孩子任意去批评、指责，刺伤他的自尊心，那孩子就容易产生自卑、退缩、紧张，甚至憎恨、敌对情绪。下面这位妈妈的做法就实在是大错特错了。

刚刚很聪明，但就是有些逆反心理。一次吃饭时，他把菜汤洒到了裤子上，妈妈叫他脱掉裤子换另一条。可他倔劲儿上来了，就是不去，后来干脆拽着裤子躺到了地上，还声嘶力竭地大喊大叫。家里正巧有几位客人，妈妈气得把他的衣服剥了个精光，又把他的屁股打得红肿起来。家长的面子虽然挽回了，却产生了副作用：从此刚刚不怕羞了，居然不穿衣服也敢在别人面前跑来跑去。

可见，孩子的某些自尊会在父母不经意的不尊重行为下消失。

千万不要人前教子

不少家长认为，在外人面前，在亲朋好友的面前，可以直接教育训斥孩子，公开羞辱孩子，以期使孩子变好。他们认为，人多势众可以给孩子制造压力，只有这样孩子才能有记性，才能印象深刻，从而改掉毛病。

殊不知，孩子和大人一样爱面子，这样做只能损伤孩子的自尊心。当着外人损他、贬他，他会羞愧难当。从心理学角度讲，这样做能令一个人产生惧怕社会的心理，产生自愧不如的念头。而一个惧怕社会和自愧不如的人是非常难立足于社会的。

当众出孩子的丑，还包括在外人的面前提及孩子丢人的毛病，曾经的过失（一次比赛得了最后一名、某次表演砸了锅等），被体罚的“受辱史”，身体上的缺陷（矮小、过胖、过瘦、眼小、脸丑等）。

所以，父母要注意场合，不要在大庭广众之下粗暴地讽刺、挖苦和训斥孩子，应多采取正面引导、个别谈心的方法，以情动人，以理服人。比如，孩子在聚餐的饭桌上捣乱，父母可趁孩子上洗手间的机会告诉孩子该怎么做，而不是当着众人的面教育他。去别人家做客，孩子玩完玩具后不及时收拾，家长可先表扬孩子的某一行为（如主动去洗手），当孩子因受到表扬而情绪愉悦时，向孩子提出改正不及时收拾玩具这一不当行为的要求，这样孩子会比较容易接受。只有顾及场合，找准适合的教育时机，教育才能取到事半功倍的效果。

a.人前教子

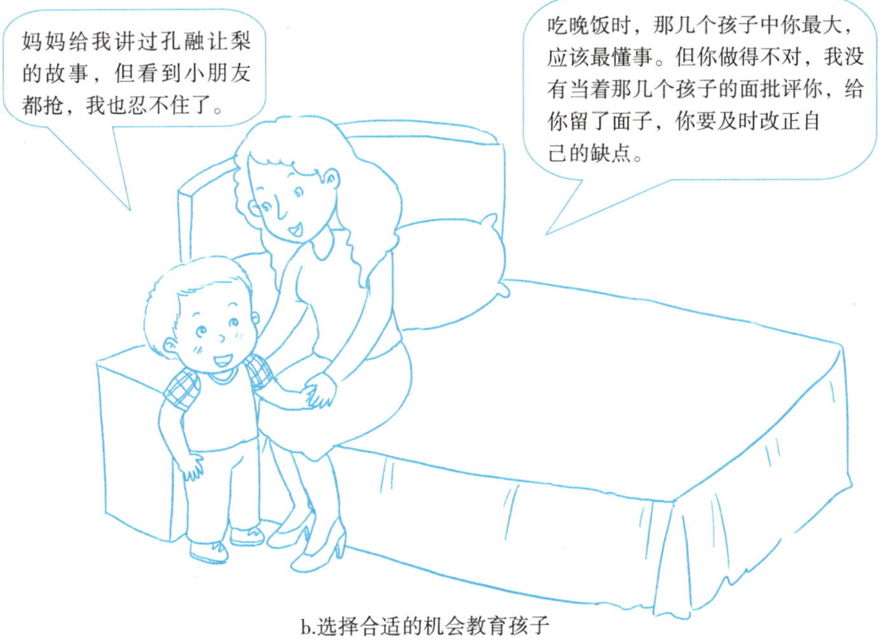

b.选择合适的机会教育孩子

图7-4　切不可人前教子

避免过多的命令，允许孩子走向独立

有些家长总是以命令的口吻要求幼儿、教育幼儿，让幼儿完全按照他们的意思做事，而不理会幼儿是否对这些事情感兴趣。若幼儿的行为不符合他们的想法，他们则命令幼儿停止，再命令幼儿“改正”过来。这种教育方式丝毫没有顾及幼儿的自尊心。

强迫孩子做不愿做的事，等于漠视孩子尊严，这是家庭教育中家长必须时刻留心注意的“高压线”！

孩子想自己去做一件事情，父母怕孩子的能力不及，不让孩子去尝试，或者当孩子遇到困难时，马上替他解决。殊不知，你的拒绝其独立和代替包办，只会进一步摧毁他的自尊心。其实家长只要给他一些引导和鼓励，事情成功后你会看到孩子得到了双倍的欢乐和自信，以及坚持做一件事情的毅力。让孩子从小就在心中奠定“我可以”的信心，可以帮助孩子在他的一生中克服各种困难。

切忌对孩子进行破坏性批评

孩子的心理比较脆弱，极易受到损伤，成人尊重他们的自尊心，就会使其产生愉快、自信、向上的情绪。相反，若挫伤了他们的自尊心，就会使其产生自卑感，他们会变得固执任性，难以教育。尤其是在批评孩子时，要就事论事，不要搞破坏性批评，因为破坏性批评是对孩子自尊心的无情剥夺。

破坏性批评之一：结论性批评。比如，孩子在某件事上撒了谎，你不分青红皂白，随便说他是“撒谎的孩子”；孩子某次作业没按时完成，你说他是“爱贪玩的孩子”；等等。从一件事上就给孩子定性下结论，等于给他贴了一个标签，会在孩子的潜意识里形成一个概念：我就是这样的人，我永远变不好。

破坏性批评之二：算总账。孩子一旦犯错误，家长就把过去的“历史问题”“陈年旧账”一股脑儿抖出来，唠叨个没完没了。孩子会想：过去的已经改了，现在还提，说明父母对我不信任。这样会使孩子灰心丧气、自暴自弃。

破坏性批评之三：带情绪性批评。孩子调皮捣蛋不听话，父母心中怒火骤然上升，哪句话解恨就说哪句："你真没出息！""你不可救药！""你的脑子是猪脑子呀！""我对你完全失望了！""我哪辈子做的孽啊，生了你这个不争气、不要脸的孩子！""早知道你是这副德行，真不该生你！""你把我的脸都丢光了！"这样一来，孩子的自尊会受到严重伤害，在以后的日子里，想让他增长自信心是非常困难的。

这些对孩子人格的否定评价将存留在孩子的潜意识里，形成负面的心理暗示。如果孩子有逆反心理，这表明他还有自尊心，你伤害他的自尊，他就拿起这块盾牌来和你对抗。孩子一旦放弃对抗，可能会这样想："反正你认定我是个撒谎的孩子，那我就撒谎！"这时孩子的自尊心已经被伤透了，彻底破罐破摔。对于失去自尊心的孩子，你已经无法通过语言的方式来矫正他的行为。我们经常看到这样的家长，他们"辛辛苦苦"把孩子的自尊心破坏掉，然后又怨天尤人："他怎么就成了这样的孩子呢？"难道这样还不足以给家长们警示吗！

当孩子做错事情，父母希望通过批评来使孩子改正时，可以这样做：

一定要就事论事，只批评他的行为，孩子可能会朝你希望的方向去发展的。不要针对人，不要羞辱孩子的人格，否则就是破坏性批评，就是讽刺、挖苦、侮辱，即你攻击的是孩子作为人的价值，将使孩子觉得自己没有尊严、没有价值，逐渐产生自卑而失去自尊，总觉得自己不行，遇事躲避，失去锻炼的机会就会更加落后，得过且过。

每次批评只针对一个行为，不要过分地抱怨或者惩罚。

批评时间要短，过后即向你的孩子表明你依然爱他。

非要惩罚孩子时，也不要打骂孩子，可以采用替代方法。比如，取消特权；限制他玩喜欢的玩具或限制消遣活动；让他去某个地方冷静冷静；让他早早上床睡觉。

发现并鼓励孩子的微小进步

孩子争强好胜，有上进心，并且希望得到成人的赞许，但由于年幼无知，难免出现过错或做事不如大人意。对此，不能过多批评孩子，而应抓住其微小进步，尽可能采取激励手段，激发孩子的积极性，使他们克服不足，让他们在不断进步中增强自尊心和自信心。

有一位著名的女钢琴家回忆说，她5岁时，母亲想让她学钢琴，但她本人并不感兴趣。一次，她无意地在钢琴上乱弹，母亲却说："弹得真好听。"母亲说这话时十分认真，不像开玩笑，因为母亲愿意女儿像自己一样喜爱钢琴。也正是这句话，激发了女儿对钢琴浓厚的兴趣。在母亲的耐心培育下，女儿终于成了著名的钢琴家。

父母平时要多注意孩子的成长，尽量去发现孩子的长处、优点和进步，并且发现了就加以肯定和鼓励，使孩子体验到成功的喜悦。

“我不要输！”

——孩子自尊心太强怎么办

思仪4岁了，很要强，做什么事情都一定要自己做，而且不肯承认失败。如果做什么事情，自己觉得没做好，会很生气，如果旁人去表示关心、帮助或疑问，她就会生气地大喊：“你们走开，我不要你们管！”和其他小朋友一起玩儿或完成某项任务时，别的小朋友不能表现得比她好，否则思仪就会气得大哭不止：“我不喜欢你们，你们都是坏蛋！”思仪自尊心这么强，受不了一点挫折，有什么办法能让她改改呢？

在实际生活中，这种情况不少见，我们经常听到父母这样评价自己的孩子：“这孩子自尊心太强了！”其中包含的信息是：孩子个性太好强，心理脆弱，受不了他人的一点儿批评和指责，对失败和挫折的心理承受能力很低。

如同生活中遇到的大多数事情一样，自尊心也要有一个度，并不是越强越好，如果表现得太强反倒变成人格弱点，如逆境承受能力低、逆反心理强等。心理学家给儿童的自尊心作的形象比喻也说明了这一点：“一个没有气的气球毫无价值，然而气充得太满容易胀破；只有气充得不多也不少，才会兼具观赏性与安全性。”

自尊心太强的孩子最典型的特征有以下三条：

听不得批评；

听不得表扬别人比自己强；

不能接受自己不如别人的事实。

对于一个孩子而言，并非自尊心越强越好。自尊心过高，就可能输不起，或是太计较得失和面子，甚至有的孩子会因为父母或老师一两句批评的话、一次考试的失败而轻生，这是因为他们的自尊是自我中心主义的自尊，容不得别人对自己的一丁点儿否定。可见自尊并非强度越高越好。

我们为何会面对如此多充得过胀的“气球”？怎样才能安全地给他们“放放气”呢?

父母先给自己过强的自尊心“泄泄气”

自尊心很强的孩子，其父母往往也都是自尊心极强的人。父母自己争强好胜、追求完美，不仅会同化孩子，而且常会这样去要求孩子。所以，要培养孩子健康的自尊心，防止自尊心太强的情况，父母就要先改正自己，以平和的心态去面对生活、面对孩子，给孩子做个好榜样。

不再溺爱孩子，让他经历些风雨

过多的宠爱、过度的赞美和过高的期望，使孩子自我感觉非常好，总认为自己比别人强，目中无人，不尊重他人。长此以往，他们的自尊心便得不到锻炼，并且变得很脆弱。他们一旦受到外界的一点点挫败，自尊心就会大大地受到伤害，很难接受挫败。

幼儿的自尊心是在日常生活中与伙伴、老师、家人交往的过程中，在各种有成就感或有挫败感的事件中锻炼出来的。很多孩子的自尊心过强都是由于父母努力“保护”孩子免受失败的“折磨”，甚至为孩子护短、护错、护丑、护“利”造成的。其实，放手让孩子自己去面对问题，适当地感受下失败、不如意，这样更有利于孩子自尊心的健康发展。

比如，在和孩子玩竞争游戏时，我们不能为满足孩子的虚荣心而故意输给孩子，应让他也尝尝失败的滋味；当孩子做错事后拒绝接受批评并大发脾气时，我们不妨试试“暂时隔离法”或“自然结果惩罚法”，让孩子体验受惩罚的感觉等。

有意识地让孩子经历些风雨，让他面对各种各样的负面环境，这对孩子十分有利。如果一个孩子从小没能经历各式各样的“磨难”，那等他长大以后一定会付出十倍、百倍的代价。对于现代人社会适应性的研究显示：在所有能力排行中，自控能力和忍受挫折的能力远远领先于自尊心。现在如果你不让孩子经历一些风雨，那么将来他就不能从那些无法逃避的挫折中走出来。

适度表扬，针对孩子的行为而不是人格

父母没必要事事都表扬。对于孩子力所能及又微不足道的日常事务，没必要给予表扬。如果孩子跑来邀功，我们可以用一些客观的中性词，如“还不错”“挺有趣”等来评价。只有孩子真正付出了努力去做事，如孩子通过自己的反复尝试把拼图拼好了，我们才要真诚地去表扬他，以强调孩子在这过程中付出的努力。

父母应该淡化对孩子做某件事的结果的关注，应客观、具体地评价孩子哪里做得好，并告诉孩子哪里还需要改进。比如看孩子的涂色作品，可以这样评价：“嗯，颜色没有涂到外面，里面的空白还有点儿多，再涂满一点儿就更好了。不过你第一次涂能涂成这样已经不错了，下次一定会涂得更好。”简单盲目地用“真棒”“太好了”这些情感色彩过于强烈的积极评价达不到很好的效果。

表扬尽可能对事不对人。对人的表扬往往会增加孩子的虚荣心，对所做事情的认可往往会增加孩子的成就感。此外，在他做得好的时候，对他的做法要表示认可，做得不好的时候，要留有余地——即使做得不好，是孩子对这事做得不好，不是孩子这个人不好，只要孩子改进做法就可以了。

a.强化孩子的输赢意识

b.引导孩子以平常心看待成败

图7–5　不以成败论英雄

引导孩子不以成败论英雄

父母要引导孩子在认识自己优点的同时也需关注别人的优点，不能用成败来论英雄。比如，在看大型体育比赛的时候，对那些表现很努力但最终输掉比赛的一方，要表现出极大的赞赏，并说明原因。这种潜移默化的教育，往往会起到润物无声的教育效果。

年龄较小的孩子，尤其是男孩都喜欢争强好胜，可以通过一些游戏来淡化孩子的输赢意识，引导孩子以平常心正确看待成功与失败，让孩子赢得起也输得起。平时可结合奖励措施，和孩子做一些玩“输”的反规则游戏。比如，和孩子玩“石头剪子布”游戏时，要求赢的一方给输的一方讲故事。在游戏过后，父母要教育孩子客观地认识输赢，正确地看待成败。

"我不！我不！"

——引导处于第一反抗期的孩子走向独立

小惠2岁多了，原来挺温顺可爱的，最近总是和妈妈唱反调。你说往东，她就说往西；不让她去碰鱼缸里的小金鱼，她偏捞金鱼玩儿；不让她钻到床底下去，她偏钻进去；天气突然降温，不让她穿裙子，她偏穿；路遇熟人，让她有礼貌地打招呼，她偏扭过头去一声不吭……这类事情最近出现得越来越多，妈妈感到很奇怪：孩子一直都挺乖，怎么突然间就像变了个人呢？"

孩子进入了第一反抗期

许多年轻父母都有过类似上面那位家长的体会：孩子到了两三岁时突然就不乖了，开始变得任性、固执、不听话，甚至有些自以为是，经常和父母顶嘴、说反话，经常说"不"，总发脾气，频繁地出现反抗父母的"叛逆"行为。几乎所有的孩子都会出现持续半年至一年的"反抗期"，在心理学上，这一特殊的时期被称作"第一反抗期"。（成长过程中有两大反抗期，或者称为两大独立期，另一个时期是青春期。）

到第一反抗期的时候，孩子常常会出现这些情形：

喜欢自己的事情自己独立完成。如自己倒水，自己爬到高处去，非要到水坑里玩儿，自己非要爬树。有的孩子在睡觉的时候非要选择特定的被子，让特定的人讲故事，要求讲特定的故事。

和父母唱反调。最喜欢说的就是“我就不”，你说这种东西不能碰，他偏要去碰碰、摸摸；你说吃蔬菜有营养要多吃，他偏不吃。经常是你说你的，他做他的，甚至还与大人顶嘴，但又经常表现得反复无常。譬如，他刚说完“想吃苹果”，可是当爸爸把苹果拿来时，他又说“不吃苹果，想吃香蕉”，而当爸爸把香蕉拿来时，他又说“不想吃香蕉，想吃苹果”，这时爸爸可能会生气地说“什么都别吃了”，把苹果和香蕉都收起来，于是孩子就开始大哭大闹。

特别喜欢按自己的主意去做事。孩子不希望别人干涉自己的行动，一旦遭到父母的反对和制止，就会说反话、顶嘴。例如，孩子试着用积木搭一个楼，尽管搭不好，却不让大人插手，有时会因大人的“好心”帮忙而变得急躁起来：“妈妈讨厌！”“爸爸讨厌！”“你们走！”或干脆一把将积木推倒。

小贴士

这个阶段的孩子对成人的要求和安排表现出越来越大的自主选择性，喜欢说“不”“我就要……”等。这时无论你多么有权威，只要不对他的胃口，他就会反抗到底。

反抗源于自主意识的发展

孩子的这些行为是正常的，并不是什么“变坏”的征兆。父母一旦了解了孩子“反抗”的主要原因是自主意识发展的结果，就更容易以尊重的态度来看待孩子的行为了。

2岁之前，孩子处于生理快速成长期，学习吃喝拉撒、爬坐立走、听音说话，处处依赖父母，父母紧密地控制儿童的行为，孩子的欲求基本都能跟家长的意愿合拍。

2岁以后，孩子的自我意识发展很快，其显著性标志就是孩子在语言中学会使用“我”这个字来称呼自己。他们知道哪些事情是“我想做的”，而哪些事情是“别人让我做的”，具有了独立做出选择的冲动，想顽强地表现自己的意志，干自己想干的事；他们能提出活动的目的，并有自己的看法与主见；他们以独立活动的主体身份主动和周围人们接触、交往，不愿听从安排。当这种愿望与成人意志发生冲突时，经常用“不”“我不要”等表示自己的态度和愿望，反抗大人的决定。

孩子进入第一反抗期，还与孩子活动能力增强、自我情绪控制不成熟和语言表达能力欠缺有关。

第一反抗期主要出现在2～4岁，多在3岁左右。现在一个不容忽视的新趋势是，幼儿的第一反抗期出现得越来越早，越来越多不到2岁的孩子已经学会和父母顶嘴、说反话。一些专家认为，在家长的过度关爱和电视文化的影响下，幼儿普遍早熟，自我意识萌芽早，提前进入了第一反抗期。

反抗期的表现是正常的现象，并不是坏事。曾有专家做过这样的研究：将2～5岁的幼儿分成两组，一组反抗性较强，另一组反抗性较弱。结果发现，反抗性较强的幼儿中，有80%长大以后独立判断能力较强；反抗性较弱的幼儿中，只有24%长大以后能够自我行事，但独立判断事情的能力仍比较弱，常常依赖他人。

因此，专家认为，反抗行为有时候意味着孩子有独立自主的想法，不愿受干预、受支配，这正是孩子发展判断力的良好时机，值得父母重视。若一味要求孩子服从你，那么他的判断力自然难以发展。

但在很多家长眼里，小孩顶撞、发脾气、说“不”都是不听话的行为，他们认为这个年龄段的孩子谈不上独立的思想、自我的要求。调查显示，近

90%的父母不了解“第一反抗期”或是缺乏正确的教育态度和手段，60%的父母会对孩子采用专制性教育态度或过度限制和保护。殊不知，这种观念和行为会妨碍儿童的健康成长。

所以，别小看这个不讨人喜欢的反抗期，它是孩子个性形成的关键期，父母教养态度正确与否，直接影响到孩子是否能形成良好的个性品质。

父母不能一味地压制或顺从

孩子突然频繁地反抗，这种“进攻”大都让父母有些措手不及、慌了手脚或者很生气，父母最容易采取的错误做法是实行高压政策或者溺爱顺从。当然，这些做法都是错误的。

孩子反抗、说“不”的时候，父母往往觉得自己的权威受到了挑战，或者觉得不耐烦，从而采取高压政策，与孩子针尖对麦芒地发生冲突，让孩子屈服，结果却往往适得其反，要么孩子反抗得更激烈而自己被迫屈服，要么坚持己见，最终强迫孩子极其不情愿地接受自己的主张。如果父母采取打骂、恐吓等手段对待儿童，总能成为“胜利者”，这种持续的高压政策会让孩子失去良好的判断力，屈从于自己所处的劣势，而不能顺应于自己理性的思考，久而久之孩子可能产生自我否定的观念，形成一种“奴性”人格。

如果父母采取高压政策与孩子“博弈”时执行力不够，最终总是屈服于孩子的主张，或者对孩子过于溺爱，一开始就不忍心看见他哭而每次都主动“缴械”，总之结果都是一样的——对孩子事事遵从，百依百顺，纵容过度。这种情形也不好，父母会变得毫无威信可言，孩子会变得任性、无所顾忌、不受管教。

对于处于反抗期的孩子，父母不应单纯地压制或忽视他的反抗行为，正确的做法应该是适应、疏导他的自主独立意志。下面是几条值得父母借鉴的建议。

a.压制

b.顺从

图7-6　压制与顺从都不可取

理解、尊重孩子的想法

冷静分析孩子出现反抗言行的原因。如果是父母方面的原因，就应注意改进，成人应言而有信。如果是孩子无理取闹，则可采取冷处理的方法，对其发脾气行为不予理睬，事后再进行教育、诱导。

如果是孩子在争取自主权和走向独立，这么做的目的无非是为了获得和大人一样的平等地位，此时父母不应对孩子的行动加以干涉，要学着尊重他的想法，以平等的姿态来征询孩子的意见，让孩子能够畅通无阻地表达自己的想法。这样做会让孩子觉得你尊重他，维护了他的自尊，孩子也就不会轻易跟你作对了。更重要的是，他会认为自己是一个独立的、可以有想法的人。

父母应该明确这一点：孩子说“不”，和你唱反调，不是针对你，也不是针对这件事，他只是想表达他有否定权，他能对自己的事做主。这时候，父母若能保持情绪稳定，不动声色地做合理的让步，就能化解相当一部分的反抗。

如果孩子正准备做的事情可能危害到健康，例如两三岁的孩子想玩打火机、摆弄插座、开关煤气灶，父母必须果断地制止，并用其他一些没有危险性的活动来代替。再比如，孩子在大街上跑得非常高兴，但可能被车子撞到。你要告诉他：“妈妈不能让你在大街上跑，因为这里车子很多，如果被车子撞到，会受伤，非常疼。”这样会让孩子感受到父母的关爱，也会减少孩子反抗情绪的发生。如果孩子不论怎样反抗你，你也不动怒，孩子就会对这种“试探妈妈底线”的游戏失去兴趣。

减少对孩子说“不可以”

父母首先需要做的是自己减少说“不可以”的次数。孩子在这个阶段常说“不”，父母可以先反省反省，“不”字也许是自己使用最多的字，甚至是自己先说出口的。对孩子来说，如果爸爸妈妈说“不可以”时要服从，为了证明自己的存在，为了要得到控制权，孩子也以“不要”来争取自己的一席之地，这是一种很自然的模仿行为。如果你不喜欢孩子一天到晚把“不”字挂在嘴边，自己就要尽量少说。

减少说“不”，并不是不可以说。必须对孩子说“不”时，告诉孩子哪些行为是不被允许的很重要，但更重要的是要让他了解哪些行为是可以接受的。

例如，当孩子拿东西敲打鱼缸时，与其说：“宝宝，不可以敲鱼缸，再敲就打屁股。”不如说：“宝宝，鱼缸可以轻轻地摸，像这样。妈妈知道，你会轻轻地摸。”带孩子做几次，夸他一下，还可以提供给孩子可以敲打的东西，如塑料桶或饼干盒。孩子可能会再犯，此时可以对孩子说：“妈妈提醒一下，要轻轻地摸。来，试试看。”向他们提供可以接受的情境，远比对他们说“不可以”效果好得多，影响也会更正向。

积极支持孩子的独立意识

孩子之所以表现出顽强的反抗性，最根本的原因是想独立。这表面上看起来是在与父母作对，其实孩子的内心仍然需要你的情感支持和适时的鼓励。在孩子要求做某件事，特别是独立做一件事时，父母在确认没有人身危险的前提下，没必要强加干涉或代替包办，最好让他自己做主，允许他自己动手，积极支持孩子的独立意识。

比如，孩子乐意自己吃饭，即使吃得满地饭粒，也不要强行去喂他；他要自己穿鞋，就让他去穿，等他鞋和脚不对号时再去帮他；他想洗衣服，可以给他一个小盆，让他自己洗手帕和袜子；想扫地，让他扫，哪怕越扫越脏；他想到雨地里去玩儿，就给他穿上雨衣、胶靴，陪着他一起去玩吧……当然，孩子在自己做事过程中，父母要提供必不可少的帮助，给他理理袖子、系系鞋带、清理垃圾等。

孩子有时是为了逞能而耍犟，最后发现自己没能力做成他想做的事，就会陷入沮丧之中。此时，父母千万不要“幸灾乐祸”或“料事如神”：“当初就告诉你做不了，你偏要做，结果怎么样？”这会大大伤害孩子的自尊心。这时，最好帮他“搭梯子”，事后再和他讨论成败的原因，等下次帮他降低事情的难度，或者把难度大的事分解成几步来做，最后表扬他取得的成功和进步。父母这样和孩子合作多了，能减少和降低孩子的很多反抗。

允许孩子多动手去做，能够培养孩子生活自理的能力，让孩子感受到自己的力量，促进独立能力的发展；而包办代替会使孩子失去许多学习探索的机会，是对孩子独立性的剥夺，孩子得到的是“衣来伸手、饭来张口”的恶习。

当今的时代竞争激烈，除了丰富的知识，孩子更需要具有勇于进取、顽强拼搏的精神。所以，父母要重视对孩子生活自理能力的培养，这样孩子长大成人后就比较容易适应社会竞争的要求。

给孩子选择的机会

你要他穿蓝裤子，他非要穿红裤子；你周末要带他去公园，他偏要在家中看动画片；你给他买的是这种饮料，他偏要那种饮料……处于反抗期的孩子不喜欢父母居高临下地吩咐、要求他做这做那，总在表达“为自己做决定”的愿望，甚至有时候口是心非，明明知道父母的提议是为自己好，他也不合作。

孩子既然喜欢做自己的主人，父母就可以把自己希望孩子接受的几种可能摆在一起让他选择。孩子在你规定的范围内做出的选择，通常会心甘情愿地去做。

当孩子不肯睡觉时，我们可以试试这样的方式：“宝贝，现在很晚了，得睡觉了，因为明早要按时去幼儿园。如果你现在还不想睡觉，可以选择再听一个故事或者玩10分钟，然后必须睡觉。你选择哪一个？”这种多项选择法在与孩子打交道的过程中十分有效，即使这两个方案都不是孩子原来想要的，但是他喜欢自己拿主意、做决定的感觉，所以能接受，并且因为方案是自己选择的，所以执行起来十分利落。

a.生硬的管教

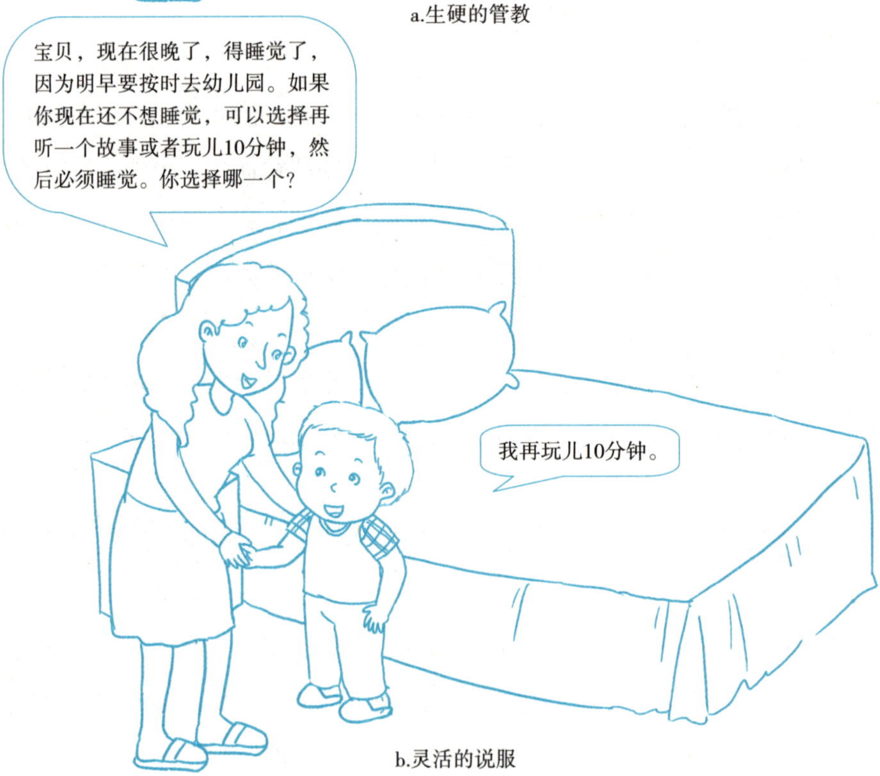

b.灵活的说服

图7–7　给孩子选择的机会

对于晚上总想玩儿或者总想听故事而不愿睡觉的孩子，等孩子一躺在床上就可以进行多项选择法：“宝贝，今天你想听几个故事啊。”不论他说几个，你都可以根据时间进行讨价还价，于是睡觉时间便都掌握住了。而孩子也能渐渐学会说到做到。

如果孩子爱玩滑梯、坐摇摇车，父母也可以和孩子协商：“今天你准备玩几次？”孩子回答：“5次。”如果时间宽裕，父母可以同意，如果时间紧或天气不好，父母可以说：“两次怎么样？”孩子大概会说：“3次吧。”一般双方都能“成交”。3次之后，父母坚定而温柔地呼唤孩子走，而孩子则因为自己说过了，所以也会比较顺从地跟着走。

以平等的姿态征询孩子的意见，给孩子留出选择的余地。比如孩子不爱吃水果或者要给孩子补充维生素，不要直接命令他吃苹果，而是将苹果、香蕉、橘子、猕猴桃等富含维生素的水果摆在孩子面前，让他自行选择。

当想要孩子去做某件事情的时候，最好给他两个选择，一个是你要他做的事情，另一个就是他肯定不喜欢的事情，通常宝宝都会选择你要他做的那件事情。例如，孩子乱摔玩具，你可以对孩子说：“这样会把玩具摔坏的。你有两个选择，一个是不摔，好好玩儿；一个是继续摔，但这样妈妈就会把玩具收起来，不让你玩儿。”孩子如果继续摔玩具，就把玩具收起来，孩子当然可能会哭，那就让他哭，然后告诉他：“妈妈给了你选择的机会，你选择乱摔，那妈妈只好收起来了，不然以后你就没有玩的了。”如此几次之后，孩子碰到有选择的时候，就会好好考虑，衡量轻重。

小贴士

第一反抗期是孩子心理发展上一个大的转折阶段。父母要按照这一年龄段孩子的身心发展特点去进行正确的引导，教育就会卓有成效。

Part 8

社会化
——让孩子学会与人交往

孩子自呱呱坠地之后，就和他周围的人发生着各种各样的联系和交往。对于幼儿来讲，生活中接触最多的是父母和同伴。幼儿和父母的关系叫亲子关系，和同伴的关系就叫同伴关系。亲子关系和同伴关系是幼儿的两大人际关系，对幼儿的社会化有着不同的意义。

在同伴关系中，孩子之间是共存的、平等的、互惠的。比如在幼儿游戏中，一个扮演司机，一个扮演乘客；一个奔跑，一个追逐。他们之间可以商量玩的内容，也可以交换角色，在平等的基础上进行。同伴关系对孩子来说是一种新型的关系，是孩子和生理、心理方面处于相同地位的同伴之间的一种“平等-互惠”关系，主要功能是给孩子提供学习技能和交流的机会。

同伴关系既是幼儿社会化的内容，也是幼儿社会化的重要途径和标志。与成人交往，支配权主要在成人，幼儿基本处于被动状态，其顺从性、服从性特别突出，对幼儿来说，那是成人的社会；而与同伴交往，大家年龄相近，兴趣一致，支配权平等，有一种自由宽松的氛围，幼儿可以充分表现自我、发现自我、肯定自我，心理感受积极而愉悦，对幼儿来说，那才是真正属于他们自己的社会。

在幼儿社会化的过程中，同伴关系比亲子关系对孩子的影响更强烈、更持久。

“我们一起玩儿吧！”

——幼儿同伴交往的特点

同伴交往是孩子发展的一种心理需要，即使在婴儿期，个体也总是在积极地寻找同龄玩伴，虽然仍要成人帮助，但已能自己主动提出要求或采取行动。

到幼儿期，个体的独立性加强，没有成人的陪伴也能主动找同伴交往，而且与同伴交往的次数日益增多，与成人交往的次数日益减少。逐渐地，幼儿与同伴的交往开始多于与成人的交往，同伴交往对幼儿的影响也越来越大。

那么，幼儿同伴交往又是怎样发生、发展的呢？在幼儿的基本活动——游戏中，同伴交往对幼儿有哪些影响？幼儿同伴交往的重要性有哪些呢？

0～2岁孩子的同伴交往

婴儿真正的社会行为在10个月左右开始出现。最初的同伴交往只是集中在玩具或物体上，而不是同伴身上。例如，第一个孩子拿了一个玩具给第二个孩子，第二个孩子只是用手触摸或抓过这个玩具而并不用眼睛看着对方，这个过程就结束了。

快1岁时，婴儿对其他婴儿的信号反应明显增多，一个婴儿的社交行为会引起另一个婴儿的反应，彼此注视的次数增加，他们微笑，用手指点，发声表意，有嬉戏活动、游戏活动，并被他们的玩伴模仿。

1～2岁，婴儿之间相互影响的持续时间越来越长，影响的内容和方式也越来越复杂，出现了彼此之间互补性的交往行为。比如，你跑，我追；你藏，我找；你给予，我接受；等等。研究表明，16～18个月是同伴交往的转折点，幼儿从此时开始，社会性游戏迅速增多。有时即使母亲在场，与同伴一起玩儿的时间也比与母亲一起玩儿的时间更长。并且随着年龄增长，幼儿越来越多地与同伴游戏。

学步游戏最显著的特征就是相互模仿对方的动作。这种相互模仿不仅意味着某个孩子对同伴感兴趣、愿意模仿同伴的行为，而且他也意识到伙伴对自己的兴趣（即意识到正在被模仿），这为今后出现的包括合作性交流在内的诸多社会行为打下基础。

2～6岁孩子的同伴交往

2～3岁时，孩子的社交能力开始发展起来，出现了最早的友谊。同伴之间出现了玩具共享，积极的情感交流，共同的合作游戏，在交往中也出现了同伴的互选性。

3岁以后，幼儿的交往频率更高，交往时间更长，交往活动的种类更多，交往积极性也增强，合作性游戏随年龄增长而增多。

幼儿社会交往的经典研究是帕顿在20世纪20年代对40名2～5岁孩子所进行的游戏观察研究。她提出了6种类型的社会性参与活动，代表着幼儿发展的不同水平。按照幼儿的发展水平，这6种类型依次为无所事事的行为、旁观者行为、独自游戏、平行游戏、联合游戏和合作游戏。

帕顿发现，随着幼儿的成长，他们的游戏往往会变得更加具有社交性，即具有交互性和合作性。最初幼儿自己一个人游戏，然后在其他孩子旁边玩儿，最后才是一起玩儿。2岁儿童一般多从事单独的游戏或平行游戏（他在同伴旁边玩儿，而不是和同伴一起玩儿，互不影响和干扰），或站在一旁观看。4岁儿童大部分能从事平行游戏和联合游戏（幼儿和同伴一起玩同样的游戏或类似的游戏），但与2岁儿童相比，在相互作用和从事合作游戏（有组织、有分工的游戏）方面表现得更多一点儿。

可见，联合、合作游戏的数量在上升，而独自游戏、旁观者行为和无所事事的行为在下降。在所有年龄段的幼儿中都能看到上述社交游戏，甚至对于单独游戏这种非社会性活动，如果孩子所从事的是像画画或拼图这样的活动，也不应该把它看作不成熟的行为。

各年龄段幼儿同伴交往特点具体见下表。

表8-1　不同年龄幼儿同伴交往特点

班级	同伴交往的特点	喜欢同伴的理由	不喜欢同伴的理由	冲突的特点
小班	混沌期，具有随机性和情境性。两两之间固定的互选朋友的人数还不多。大多数幼儿对同伴未产生明确的偏好，因此受忽视型幼儿的人数比中、大班多。	具有友好交往态度，如“他喜欢我”“他对我笑”。	不愿意与自己玩耍，如“他的玩具不借给我”“他不跟我玩儿”“他很凶”等。	常常发生冲突；冲突持续的时间比较短暂，这主要和幼儿缺乏交往的方法和手段有关。
中班	分化期，具有探索性和冲突性。能主动与同伴建立关系。对同伴已经有了明显的喜恶。受忽视型的幼儿人数减少，受欢迎型和被排斥的幼儿的人数增多。	能陪伴自己一起活动，如一起玩儿、一起坐、一起吃饭等。	消极的交往行为，如“他打我”“他骂我”“他批评我”等。	冲突往往与自尊受到伤害相关，如不喜欢被同伴批评、被当众欺负。
大班	形成期，具有群体性和稳定性。具有稳定的同伴关系，在自发形成的小群体中进行交往，对同伴的喜恶也趋于稳定。	能陪伴自己一起活动；“我们是一个小组的”“我们是一个小队的”。	凭借以往形成的固定印象，而不是同伴在当前交往中的表现。	冲突多发生在小群体中，大多是由缺乏合作技巧导致的。

受欢迎、被排斥、被忽略——同伴交往的类型

户外游戏时，轩轩找到方方说："把你手里的飞盘给我玩一会儿。"方方说："我还没有玩够呢，不给！"于是轩轩边用手去抢边说："你都玩了很久了。老师说一个玩具不能玩很久的，让我玩一会儿。"方方用手护着飞盘，轩轩硬是从方方的怀里抢走了飞盘，边跑开边说："你已经玩很久了，该我玩儿了！"轩轩最终采用"硬抢"达到了自己的目的。这样的情形经常出现，结果大家都不愿和轩轩玩儿了。

文文是个性格内向、脾气温和的小女孩，话语少，在幼儿园中经常独自一人待着；不喜欢参与集体游戏，活动时长久地站在游戏圈外看别人活动，或是独自玩游戏；不会与其他小朋友发生矛盾，别人也很少关注她。

轩轩和文文的共同特点是不合群，没有同伴，但具体情形又截然不同，在心理学上，他们分属于不同的同伴交往类型。

心理学家研究发现，幼儿的社交地位已经分化，主要有受欢迎、被排斥、被忽略、一般等4种类型。这四种同伴社交类型的基本特征如下。

受欢迎的幼儿。受欢迎的幼儿喜欢积极主动地与人交往，且常常表现出友好、积极的交往行为。班级里有好多孩子说，这类孩子是他们最好的朋友，或者最愿意和这些孩子玩儿，很少有孩子说不愿意和他们玩儿，或者讨厌他们。他们在同伴中享有较高的地位，具有较强的影响力。

被排斥的幼儿。被排斥的幼儿一般性格外向，在交往中也很活跃，体质好、力气大、过于活泼好动、容易冲动，常常采取不友好的交往方式，如强行加入其他小朋友的活动、抢夺玩具、大声叫喊、推打小朋友等，攻击性行为较多，友好行为较少，因而常常被多数幼儿所排斥、拒绝，在同伴中地位低，关系紧张。

被忽略的幼儿。与前两类幼儿不同的是，这类幼儿不喜欢交往，经常表现为害羞、腼腆、孤僻胆小、好静、不爱说话、退缩逃避，常常独处或独自游戏；不主动去接近同伴、老师；在公共场合不敢大声说话，不敢提出自

己的意见、主张；他们很少对同伴做出友好、合作的行为，也很少表现出不友好、侵犯性行为，因此既没有多少同伴主动喜欢他们，也没有多少同伴主动排斥他们，他们在同伴心目中似乎是不存在的，被大多数同伴所忽视和冷落，甚至老师对其也不注意。

一般儿童。这类幼儿在同伴交往中行为表现一般，既不是特别主动、友好，也不是特别不主动或不友好；同伴有的喜欢他们，有的不喜欢他们，他们既非为同伴所特别喜爱、接纳，也非被特别忽视、拒绝，因而在同伴心目中的地位一般。

上述4种同伴交往类型，在幼儿群体中的分布是各不相同的。其中，受欢迎的幼儿约占13%，被排斥的幼儿约占14%，被忽略的幼儿约占20%，一般幼儿约占53%。被排斥的幼儿和被忽略的幼儿加起来约占34%，也就是说，3个幼儿里就有1个孩子会出现不合群的社交情况。孩子的同伴交往问题已经成为父母们像重视孩子的智力发展和学习成绩一样重视的问题。

现在来分析开头提到的两个例子里的孩子。轩轩很有活力，常常能主动去和小朋友玩儿，但往往破坏了别人的活动，如将其他孩子的玩具推倒或拿走，结果是不受欢迎，没有小朋友愿意和他玩儿，他迫不得已才一个人玩儿，成为不合群的孤独者。他在同伴交往中属于被排斥的幼儿。而文文沉默寡言、孤僻，害怕陌生人，很少与其他小朋友交往，更多的是一个人待在角落里，属于被忽略的幼儿。

同伴交往在幼儿社会化及身心全面健康发展过程中起着极其重要的作用。同伴交往为幼儿提供了解决冲突、进行谈判和协商的机会，幼儿要向同伴发出交往信号，如微笑、请求、邀请等，学习如何与他人建立良好关系、保持友谊和解决冲突，如何坚持个人的主张或放弃自己的意见；怎样处理敌意和专横，怎样对待竞争与合作，怎样处理个人和团队的关系。

良好的同伴关系有利于幼儿形成自尊、自信、活泼开朗的性格，促进他们良好品德的形成和情绪情感、社会适应能力、心理健康以及智力的发展。而同伴交往困难，不仅会影响幼儿的心理发展，而且还与其以后各阶段出现的行为问题、社会问题（如青少年犯罪、厌学、逃学、攻击性行为）、精神疾病等有密切的联系。

“没人和我玩儿。”

——孩子为什么不合群

被排斥的幼儿：明白为什么被排斥最重要

孩子被排斥的常见原因包括：

缺乏交友的技巧；

太固执，不允许别人拒绝自己；

霸道，只想让别人听自己的；

总批评别人，惹大家讨厌；

容易冲动、总惹事、老捣乱；

老是大发脾气、骂人、打架；

傲慢或者表现得自己比别人强。

总被大家排斥的孩子自己却往往不明白为什么别人不和自己玩儿。父母可以用真实的例子帮助孩子认识到自己的缺点。下面的情景很典型。

“大家没让你第一个玩儿，你就在那儿大吼大叫，还踢东西。你注意到其他小朋友当时看你的表情了吗？他们很害怕你。你这么做大家还和你玩儿吗？”

“你硬挤进去玩儿，把棋盘都撞翻了，其他孩子也不能玩儿了，他们会怎么想？他们觉得你是捣蛋鬼。大家还带你玩儿吗？”

“小朋友不让你玩儿，他们也不对。可是，你知道他们为什么不让你玩儿吗？”孩子摇了摇头。“那你对小朋友说过你也想玩儿吗？”孩子又摇了摇头。“你不跟他们说，而是硬挤进去，他们以为你又要搞破坏，所以才推你的。你懂了吗？”孩子点了点头。这时父母再不失时机地教他如何运用一些礼貌用语，如：“我也玩儿，好吗？”“请给我玩一下吧？”

荣荣很霸道，玩游戏老是让别人听她的，小朋友们都不愿意和她玩儿。妈妈告诉荣荣要友善，但是没有起到什么作用。一次，妈妈带荣荣到公园里玩球。旁边的一个女孩扔球的时候力气很大，故意不让对方接到，最后她的玩伴都很不高兴地走了，没有人和她玩儿了。妈妈就趁机告诉荣荣，太霸道的孩子大家都不喜欢。这次女儿听进去了。看来直接告诉孩子怎么做没什么效果，孩子亲眼看见霸道的孩子怎么惹大家讨厌，才会真心改正自己的错误。

有些孩子认识到自己的行为后果后会自觉改掉坏习惯。所以，当父母发现了问题，可以对孩子实话实说，但是每次只能说一个需要改正的地方，否则孩子会丧失改正的信心。

对于被排斥幼儿，主要是引导他们明白被排斥的原因，尽力控制自己的言行，学会倾听别人的想法，平静地陈述自己的意愿，与别人达成共识，等等。

a.直接说明原因

b.间接说明原因

图8-1　引导孩子明白其被排斥的原因

被忽略的幼儿：建立交往自信心最重要

孩子被忽略的常见原因包括：

胆小，害羞，不敢表现自己，不敢主动参与交往；

不爱说话，不知道交际用语；

没什么兴趣爱好，缺乏热情，显得无趣。

被忽略的幼儿一般是因为自信心不足而惧怕与同伴的交往。父母应运用教育技巧，点燃幼儿自信的火种，为其走向群体生活铺平道路。

专制型、溺爱型教养方式必须改变。被忽略的幼儿的父母教养方式大多为专制型或溺爱型。专制型的父母对孩子的行为干预过多，要求孩子随时都要遵守父母的规定。溺爱型的父母对孩子的一切包办代替，过分保护，把孩子关在家里，把电视机当保姆，让孩子与玩具、游戏机和小人书等为伴，不让孩子出去和其他小朋友接触玩耍，担心与别的孩子一起会产生矛盾，甚至会染上坏习气，天长日久，孩子就成了“笼中之鸟”。这些都导致了幼儿胆小怕事，自理及交往能力过弱，这样一来，孩子会在与其他幼儿的交往中处于被忽略地位。

要想改变这种情况，父母必须首先切实转变对孩子的教养方式，不要对孩子的行为干预过多，应把孩子作为独立的个体去尊重，听取孩子的意见，既坚持原则又注意培养孩子的独立性，教导孩子“自己的事情自己做”，真心诚意地爱护孩子，关心孩子的成长和进步。

给孩子创造与同伴交往的机会。父母可以“走出去”，多带孩子到外面有孩子的地方玩耍。也可以“请进来”，帮孩子邀请亲戚、朋友、邻居的孩子到家里来玩儿。孩子与他人交往的机会多了，会逐渐适应甚至喜欢上群体生活。

兴趣是参与交往的突破口。在幼儿交往中，成人应利用被忽略幼儿对某些事物的兴趣，激起他们的探索欲望，从而帮助其树立信心。例如，一位被忽略的幼儿的老师在与家长的谈话中了解到，这个幼儿对各种玩具汽车非常感兴趣。于是，老师就与小朋友一起搜集来各种玩具汽车，并一起讨论汽车的功能用途。果然，这个幼儿被吸引了，他不再是个局外人，也加入到谈话之中。尤其当对汽车精辟而独到的见解换来小朋友的阵阵掌声时，他脸上写满了兴奋与自信。慢慢地，他变得爱讲话了，也喜欢上了班级的群体生活。再如，在音乐活动中发现被忽略的幼儿有这方面的天赋，可鼓励他积极参加各种活动比赛，让他体验成功和与众不同感。有了成功体验后，幼儿对自己就会有一个更深的认识，更有自信。

帮助孩子克服自卑感。 被忽略的幼儿一般胆小、羞怯，害怕做错事情。对于幼儿的点滴进步，父母都要及时给予肯定，使他们感到自己是被关心的，使他们相信：我是好孩子，大家喜欢我。对于幼儿的过失、短处，父母也不要直接批评指责，而是改用期望、信任和勉励，运用正面激励的方式，如“再试试”“你一定会行的”等激励性语言帮助孩子树立信心。

强化孩子接受邀请和邀请别人的行为。被忽略的孩子往往不大喜欢接受其他小朋友的邀请。如果父母发现孩子偶尔接受其他小朋友的邀请，即便是很勉强的，也要及时给予鼓励。如果父母发现孩子由接受邀请变为主动要求参加其他小朋友的活动，甚至邀请别的小朋友和自己玩儿，一定要给予肯定、赞扬甚至奖励。这是被忽略的孩子向合群转化所迈出的一大步。

“我有很多好朋友。”

——培养受欢迎的孩子

教孩子正确加入同伴游戏

有的孩子强行加入别人的游戏，哼哼唧唧地反复哀求，同伴反而会不理他；坐在角落或站在一边默默等待别人邀请自己，也不会有好的效果。父母可以把下面的方法教给孩子，让孩子学会提出请求，被小朋友接受。

第1步：先近距离观察。要站得足够近，让小朋友看到自己；但是也不能太近，否则会影响到别人。一边看小朋友玩的情景，一边琢磨：他们是不是愿意有别人加入他们呢？他们是刚开始呢，还是就要结束了？自己知道游戏规则吗？自己能玩好这个游戏吗？

第2步：走近对方，然后看着其中一个孩子。要抬头挺胸，显得很自信。这个孩子看起来是友善的吗？他也看向你了吗？他微笑了没？如果其中一个答案是否定的，就不要勉强，最好去找别的小朋友。

第3步：主动打招呼。可以对小朋友说：“大家好。”“你好。”或者说些赞美的话：“这个游戏真有意思。”“你们玩得真好！”

第4步：友好地提出加入请求。看着一个小朋友的眼睛，然后微笑。如果这个小朋友对你有兴趣，比如也看着你微笑，你就主动提出：“我能玩儿吗？”“还需要人一起玩儿吗？”“我能和你们一块玩儿吗？”如果对方接受，就可以参加游戏了。

第5步：如果不行，就算了。不要央求甚至哭，更不要强行加入、在旁边捣乱。别人不愿意就算了，再找其他人去玩儿。

培养孩子沟通、合作、自我控制等交际技巧

不合群孩子的一个普遍问题是在游戏过程中缺乏交际技巧。他们不懂得沟通、协商、合作，不懂得正确玩游戏，在遭到对抗、冷落后，容易退出游戏或发生冲突。他们往往在强烈的交往冲动和对挫折的畏惧之间焦虑。父母除了要创造机会让幼儿交往之外，还要教给他们交往技能。

沟通技巧：

- 说话时看着对方的眼睛。
- 别人说话时要认真听，听清楚对方在说什么。
- 主动帮助别人：“我能帮助你吗？”“试试这样做。”
- 提出请求，向别人求助：“请你帮帮我。”“请给我看一下，好吗？”“请让一让。”
- 开始时，介绍自己或征询意见：“你好！”“我叫××”“请问我能和你们一起玩儿吗？”“东东，我能和你一起搭积木吗？”“咱们开始吧。”
- 结束对话：“再见！”“下次再玩儿吧。”

合作技巧：

- 轮流玩儿，分享玩具。
- 问问自己能不能玩儿，能不能加入或者排在队伍的后面。
- 关注别人的言语、动作、进度。
- 进行协商：“这样可以吗？”“好吗？”“行不行？”

a.试探性询问

b.礼貌待人

图8-2　培养孩子的交际技巧

- 原谅：“没关系。”“没事了。”
- 道歉：“对不起。”“是我不小心。”“我不是故意的，请原谅我，好吗？”
- 安慰别人，鼓励情绪低落者：“别着急。”“没关系。”“别害怕。”
- 支持对方，为对方加油。
- 当别人做得出色时，多赞美对方。
- 恭喜获胜者。

自我控制技巧：

- 保持冷静，控制愤怒的情绪。
- 尽可能用语言而不是动作表达不满：“不。”“我生气了。”“我不喜欢你这样。”
- 保持语气平静低沉。
- 尽可能坦然地面对拒绝。
- 被取笑时也不急不恼。
- 安静地走开。

从一个玩伴开始

让孩子和某一个朋友发展出友好密切的同伴关系，而不是和一群人打交道，这样孩子的压力可能就没有那么大。让一个总是被排斥或被忽略的孩子加入到一群孩子中，会引起很大的焦虑。父母可以帮助孩子先发展一个玩伴，锻炼他的交往能力，慢慢地，孩子就会交到更多的朋友，自然能融入集体生活了。

下面这位妈妈从一个玩伴开始，成功地帮助孩子融入了幼儿园生活，非常有智慧。她的孩子也是很幸运的。

我儿子刚上幼儿园的时候不合群，总是独来独往。我问他有没有好朋友，他一个也说不出来。我很担心，没朋友的小孩肯定不喜欢幼儿园。果然，儿子总是闹着不肯去幼儿园。我更加着急了。

后来，我多了一个心眼儿。每天我去幼儿园接儿子时，孩子们一般都要玩一下再离开，我仔细观察了一下，开始主动和儿子班上小朋友的家长搭腔，也主动和小朋友搭腔，逗他们玩儿，缩短儿子与他们的心理距离。

一周后，通过暗中观察，我选择了一个各方面都不错，很大方、讲道理的小朋友。于是我同那位小朋友的家长商量好，每天让他和儿子同路，在路上我让他们手拉手，跟他们谈幼儿园的事。小孩是喜欢小孩的，很快，儿子就叽叽喳喳和他的小伙伴谈开了。

这样过了一段时间后，儿子和那位小朋友就成了好玩伴。慢慢地，在那位小朋友的带动下，儿子的小伙伴从一个发展为两个、三个……最后，儿子融入集体中，每天都说幼儿园好，我也特别开心。

“就打你！”

——正视孩子的攻击行为

宁宁3岁，上幼儿园小班。最近妈妈发现只要不高兴或者要求没有被满足，他就抬手打人。幼儿园老师也反映，在游戏和活动时，宁宁经常和小朋友争抢玩具，只要是他喜欢的玩具，就一定要抢过来，把其他小朋友推倒，或是一巴掌就打在对方的头上。平时在家，宁宁也喜欢动手打人。批评他时，他也懂，也承认错误，但过不了一会儿就忘记了，实在令人头疼。

在成长过程中，几乎所有的孩子都会或多或少地表现出攻击别人的倾向。比如，从别的孩子那里抢夺物品，骂、打、推、咬、踢、吐口水。这些攻击行为不但吓跑了同龄的小朋友，也让父母头疼不已，哄、劝、骂、打似乎统统不管用。“等孩子长大了，自然就好了。”有不少妈妈这样说。

正常冲突可不予理睬，攻击行为要及时制止

如果这些行为明显超出了同伴交往过程中正常冲突的限度，属于攻击行为，乃至打人成性、习以为常，长大后不可能自然地改正过来，只会越来越糟，甚至演变成犯罪行为。所以，一定要留意孩子的攻击行为，不要使之日

久成习，泛滥成灾。

攻击行为是任何有意伤害对方的行为，且被伤害者会力图避免这种行为。通常被分为两类：敌意性攻击和工具性攻击。如果以伤害对方为目的，例如，在幼儿园里，一个男孩故意打一个女孩，看到女孩哭了还会嘲笑她，这属于敌意性攻击。与此相对，工具性攻击是通过伤害他人而达到其他目的，比如男孩只是为了争夺女孩手中的玩具而打她，或者一个孩子推、喊另一个挡路的孩子，则属于工具性攻击。有些行为可能是敌意性攻击和工具性攻击的混合体，例如男孩在打女孩的同时还夺走了她的玩具。

幼儿的攻击行为一般包括：直接的身体伤害，如打人、咬人、抓别人的头发等；语言伤害，如骂人、说脏话、叫别人的绰号、嘲笑人等；间接的、心理上的伤害，如告诉别人不要和某某人玩儿、背后说坏话、造谣诬蔑等。有伤害他人的意图但未造成后果的行为仍然属于攻击性行为，但幼儿在一起玩耍时无敌意的推拉动作则不是攻击性行为。

图8-3　孩子的攻击行为

婴幼儿阶段是攻击行为形成的关键期

一般而言，幼儿最早的攻击行为在2岁末开始表现出来。有人观察、记录了成对的20～23个月婴儿在做游戏过程中的冲突情节，发现这些幼儿为了和同伴争抢东西，可能会发生争执等。争端发生时，他们还会威胁和逼迫同伴，迫使同伴退让。这表明20～23个月婴儿已出现了早期的工具性攻击行为。

2～4岁，幼儿的攻击行为迅速发展，身体攻击逐渐减少，言语攻击相对增多。3岁左右，儿童的踢、踩、打等身体攻击逐渐增多；3岁以后，身体攻击的频率降低，但同时言语攻击却增多了。最容易引起幼儿攻击行为的事情包括：获取他人的玩具、图片、实物等；保护自己的物品；争夺游戏场地、活动场所等；游戏中发生争吵，指责别人违反游戏规则和纪律；无故挑衅；在受到干扰或欺负后进行报复反击；等等。

4～5岁是攻击行为的高发阶段。5岁以后，幼儿的攻击行为总体上明显减少。原因可能是：一方面，父母和老师时常阻止孩子的攻击行为，积极鼓励孩子做出合作、友好、分享等亲社会行为；另一方面，孩子在成长中逐渐学会并认识到，并不是任何情况的冲突都需要用攻击的方式来解决，其他方法可能更有利于解决问题和达到目的。

幼儿攻击行为在不同年龄阶段中有不同的表现形式，在幼儿园阶段主要有以下几点表现。

情绪不稳定、脾气暴躁的行为。稍有不如意就可能出现强烈的情绪反应，如哭、闹、扔东西、大声叫嚷、叫喊名字；听不得不同的意见，动不动就发脾气、不理人；有时候和同伴玩也会发出尖叫声，想引起别人的注意。

动手打人、欺负别人的充满敌意的行为。比如，稍有不如意就用言语攻击人，显露不满、藐视、不悦等情绪，或者经常向同伴发起身体攻击，如打人、踢人、咬人等，恐吓、欺负同龄儿童或比他幼小的孩子。

抢夺、破坏他人物品的行为。比如，看见别人的玩具好玩就去抢，老师批评他时他就闭上眼睛大声哭喊，对老师的批评不理不睬，只管哭；孩子还可能摔坏别人的玩具，或者侵占他人的财物。

攻击性是一种稳定、持续的特性，小时候攻击性强的孩子到成年后多数也富有攻击性。研究表明，3岁时爱打架的幼儿，5岁时仍然爱打架；6～10岁时攻击性的多少将预示着10～14岁时打架、嘲笑、戏弄别人、与同伴争斗的倾向性；8岁时的攻击性记录能有效地预测成年以后的攻击行为，如犯罪、夫妻不和等；10岁左右爱发脾气的孩子，长大后多与同事关系紧张。而且这种稳定性对男孩、女孩都适用，青少年暴力犯罪的犯罪行为，大多数可追溯到幼年时期的攻击行为。

“妈妈不喜欢打人的孩子。”

——减少孩子攻击行为的策略

离园时，妈妈来接乐乐。一个孩子看到乐乐妈妈，马上就跑过去告状：“阿姨，乐乐今天推我了，而且还不说‘对不起’。”另一个孩子也跑过来附和道：“就是，我看见了。我说乐乐时，他还打我。”乐乐妈妈听完后，面露歉意地说：“对不起，我好好批评乐乐。”在回家的路上，妈妈厉声责备道：“乐乐，妈妈早就告诉你不要打小朋友，你为什么不听？”说完就给了乐乐一巴掌……

奶奶带着楠楠在小区游乐场玩儿，楠楠看见茜茜正在荡秋千，于是就跑过去对茜茜大声说：“你快下来，给我玩儿。”茜茜说：“不行，我还没玩够呢。”奶奶说：“茜茜乖，让楠楠玩一会儿。”茜茜仍不肯。突然，楠楠把茜茜推下秋千，并迅速坐在秋千上。奶奶对楠楠笑着说：“嗯，我们楠楠以后不会受别人欺负了。”

幼儿的攻击行为，不但会对他人造成危害，而且还会使幼儿本人得到较多的否定评价，不利于自身健康成长。攻击行为多的孩子，同伴关系一般较差。大多数同龄小朋友会对他持拒绝态度，一般会说：“我不爱跟某某玩儿，因为他老是打人。”“我不喜欢某某，因为他欺负别人，把人家弄哭了。”而且于他爱惹是生非，影响正常的教学秩序，所以也不易受教师的欢迎。

孩子在这种消极、否定的环境中成长，各方面的发展都会受到很大的限制。有研究表明，如果对幼儿偏多的攻击行为不及时干预、矫治，那么幼儿期攻击行为严重的儿童将来就容易走上犯罪道路。因此，父母应该掌握正确的方法和策略，加强对幼儿攻击行为的干预和矫治。

孩子攻击行为出现前，提早预防

阻止孩子打人行为出现的最好方法是防患于未然。父母应该仔细阅读前面讲到的促使孩子产生攻击行为的原因，然后抢先行动，把导致孩子爱打人的“导火线”藏起来、掐断。

父母要以身作则，树立良好的榜样。成人之间，平日要尽量克制自己的情绪，不要争吵、打闹不休，为孩子营造良好的家庭氛围。孩子犯了错误，父母也要尽量克制自己的情绪，采取讲道理的方式教育孩子。

细心关爱和适度管教孩子，不要有打孩子等体罚行为。教育孩子要宽严适度、前后一致，千万不要在自己高兴的时候，对孩子过分溺爱；在自己不高兴的时候，又对孩子拳打脚踢。

尽量不要让孩子看暴力电视、玩暴力游戏。让孩子远离攻击性强的或暴力性强的动画片、书籍。在孩子平时的生活中，父母要做好孩子看电视、玩游戏、看图书的把关人。不让孩子或少让孩子看攻击性强的动画片，不给孩子买带有暴力行为的书籍，哪怕是正义的攻击，也要让孩子少接触，因为孩子年龄小，缺乏是非观念。

多称赞孩子的友善行为。当孩子没有依靠攻击而解决问题时，你应该多多鼓励他的这些行为，让他能意识到这才是对的。比如，你可以表扬他的行为：“你把玩具让给小朋友玩儿，你是个好孩子。”切不可鼓励孩子的攻击行为。比如，孩子打架后一脸得意，爸爸却说：“打得好，男子汉就要用拳头证明自己！”妈妈也说：“儿子真厉害！”

a.不和谐的家庭氛围

b.经常体罚孩子

c.未让孩子远离暴力性的电视节目

d.鼓励孩子的攻击行为

图8-4　父母的错误做法导致孩子的攻击行为

培养孩子的社交能力。尤其要培养孩子大胆表达想法的能力，教孩子说：“我们一起玩儿好吗？”“能让我玩一会儿吗？”“请你停下来，好吗？”这些简单、常用的社交语言和动作对他们会有很大帮助。不要对孩子说：“不许再打小朋友了！”“你怎么又打人了？”这样的说法往往会起到负面强化的作用，孩子记得的是“打小朋友”“又打人”这些被父母强调的内容。给孩子明确的正面的指示性引导，直接告诉孩子该怎么做，简单明了，不要否定，不要拐弯。

不能执行双重标准。如果自己的孩子被打了，就没完没了地大吵大闹，自己的孩子打了别人，就无所谓，甚至扬扬得意，这只能给孩子非常坏的影响。如果自己的孩子被打了，父母可以适当批评别人的孩子，否则，我们的孩子会失去安全感，觉得只有打别人才能保护自己。如果自己的孩子犯错了，必须要求他向对方道歉。

父母第一次发现孩子打人，怎么办

马上制止。当孩子打人时，父母的态度和做法相当重要。父母第一次看到自己的孩子打人、咬人或踢人时，应马上制止他。你可以温柔地拉着孩子的手，温和地对他说：“你可以告诉我，是什么让你这么伤心和愤怒吗？或者你可以去打打枕头和被子，但不要打人。你想想，如果别人这么打你，你也会很疼、很难受，对不对？”耐心地给孩子讲道理，将行为的后果与危害分析给他听，使孩子认识到打小伙伴会失去朋友这一道理。还应该带孩子向小伙伴赔礼道歉。

不要体罚孩子，但可以“冷处理”。例如，一两岁的宝宝打家人的脸，无论什么原因引起的，家人都可以直接把他放在地上，双手按住孩子的肩膀，严肃而平和地告诉他：“妈妈不喜欢打人的孩子！”保持1分钟，谁也不抱他，几次以后，宝宝的攻击性行为就消减了。另外，反应快的父母可以设法转移宝宝的注意力。时间长了，宝宝就会改掉抬手打人的习惯。

鼓励幼儿说出打人的原因。也许孩子说不清楚，大人要帮助他表达清楚，然后帮他分析。比如，有的小朋友拿走他玩的积木，他要不回来，就打小朋友。这时可以和他一起有礼貌地向小朋友表达，请他还回来。

向孩子示范应该怎么做。比如，如果发现孩子有打人的习惯，要密切关注他的行为，当他要打人时，你可以温柔地抓住他的小手说："要轻轻地摸。"一边说一边做，示范给他看。

总之，首先要保持冷静，然后表达你的感受和态度，接着请耐心地坚持语言沟通与行为示范相结合。

消除攻击行为的奖励物，不让孩子从攻击中获得任何好处

判别并消除攻击行为的奖励物可以降低孩子的攻击性。例如，大班的两个男孩在一起玩时，第一个男孩不讲道理地抢走了第二个男孩手里的玩具，惹得后者大哭起来。对第一个男孩来说，他的攻击行为的强化物就是对玩具的占有。这时，让第一个男孩把玩具还给第二个男孩，就等于消除了他的攻击行为的强化物；如果不把第一个男孩手里的玩具拿回来，就等于是在鼓励他的攻击行为，以后他就还会抢别人的玩具。

如果孩子打了人，父母不制止、不批评，那么这种不制止、不批评的态度就会成为孩子打人行为的强化物，使孩子觉得，打人并没有什么不对，以后还打人。所以，当孩子表现出攻击行为时，家长应该查明原因，及时地处理，并且鲜明地表示自己的态度，使孩子认识到哪些行为是错的，怎样做才是对的。

孩子有时会以攻击行为来引起父母的注意。父母对孩子的这种攻击行为可以表现出"不一致反应"，即对孩子的攻击行为不予强化、不予注意，而对被攻击的孩子给予更多的关注：用温柔、亲切的态度去安抚被攻击的孩子，吻一吻他的"小伤口"，询问他有没有问题。然后，用坚定的语气对打人的孩子说："打人会让别人很疼。"这种一冷一热的不同态度，实际上也是不让孩子从攻击行为中获利，从而降低孩子的攻击性。

对于经常打人的孩子，可使用暂时隔离法

如果孩子经常打人或者发生比较严重的侵犯行为，父母就不能采用只鼓励、不惩罚的方法了。在这种情况下，暂时隔离法是一种有效的做法。你要温柔而坚定地告诉他，在他打人时，他是个吵闹或令人生气的孩子，要让他独自在隔离区待一会儿，“坐淘气凳”，剥夺他参加某项活动的权利或所有与他相关的事情也都要暂停。

隔离法只适合3岁以上的孩子。家长要“言出必行”，从说“现在去隔离”到正式隔离之间不能超过10秒钟，不要让孩子认为有回旋余地。拖得时间长了，效果就会大打折扣。

时间不宜过长，每次隔离的时间和年龄相同，3岁的孩子每次就隔离3分钟，4岁的孩子每次就隔离4分钟，以此类推。父母要讲解规则，还要有计时器，孩子能听到滴答声，时间到了才能动。但要是孩子耍赖，不愿隔离，每耍赖一次加1分钟，加到10分钟为止。

隔离的地方最好是一个相对独立、安静和安全的地方。要注意安全，不宜将幼儿关在密闭或黑暗的空间内，以免产生反效果。如果有其他孩子靠近隔离区，安静地带走这个孩子，并解释说：“明明现在需要单独待一会儿，等他回来之后你再跟他说话。”

一旦确立这样的规则，就要坚定地执行，如果中间有一次中断，规则就会被破坏。运用该方法前，一定要让孩子明白为什么被隔离、“坐淘气凳”；在隔离之后，通过情感教育减少孩子的攻击行为。

“小朋友打我！”

——被打不等于被欺负

佳佳3岁，马上就要入园了。孩子很内向、很老实，妈妈担心他去了幼儿园，会有小朋友欺负他。因为他平时和小区里的孩子玩儿，人家打他时，他从不还手。

苗苗5岁，最近一段时间比较厌学，都不敢去幼儿园。后来妈妈才知道，原来是因为班上有个小朋友经常欺负她，经常推她、抢她的玩具。妈妈看着孩子满脸的眼泪，很心疼。妈妈跟老师反映了情况，老师好像也不怎么重视。可以想象，幼儿园老师确实不可能杜绝这种情况。妈妈应该怎么帮助孩子来面对这种情况呢？是躲避忍让，还是“以牙还牙”？

孩子都是父母的心头肉，有时候犯了错，都舍不得打一下，如今在外面，尤其是上幼儿园后，竟然被别人欺负，父母心里真不是滋味。当孩子因为受其他小朋友欺负，很委屈地向你哭诉时，作为父母，你该怎么办呢？

什么是欺负行为

欺负行为是指有意的、持续的、直接指向特定目标的攻击行为。欺负行为的受害者往往是弱小的、易受攻击的、无防备的。欺负可以是身体上的，如打人、撞人、踢人或拿别人的东西；也可以是言语上的，如骂人或威胁别人；还可能是心理上的，如不让别人和被欺负者玩耍、背后说坏话等。

大多数欺负者是男孩，他们倾向于欺凌其他男孩，而女孩倾向于欺负其他女孩。欺负和被欺负的类型可能早在幼儿园时期就确定了，在同伴群体建立之初，攻击者很快就了解到哪些儿童可能成为最早的攻击目标。欺负行为和攻击行为的高峰出现在小学向中学过渡的阶段。随着年龄的增长，大多数儿童可以学会如何阻止欺负行为，剩下一小部分儿童可能成为被欺负者。

被欺负者一般不能融入群体，往往是焦虑的、抑郁的、小心翼翼的、安静的、服从的，并且是容易哭泣的，或者爱争辩、喜欢挑拨的。他们几乎没有朋友，并且很可能生活在严厉的、经常受到惩罚的家庭环境中。被欺负者的自尊水平往往较低，但不清楚是低自尊导致了被欺负，还是被欺负导致了低自尊。男性被欺负者往往身体较差。那些体重超重的儿童最有可能成为被欺负者或欺负者。

"被打"不等于"被欺负"

从思想认识上，父母不要轻易地把孩子之间的正常冲突定义为欺负行为。在幼儿阶段，有意图的欺负并非常态，更多情况下是孩子们表达情绪和处理问题的方式不太恰当，需要成人的引导而已。

当孩子被其他小朋友打、推、骂的时候，极有可能打人的小朋友根本就不是要攻击对方，而是向对方表示友好，只是他的行为看上去像打架，而且不懂得轻重，弄疼了小朋友，那么两个人就打起来了。

也有可能是孩子们正处在以自我为中心的时期，只会从自己的立场与观点去认识事物，而不能从客观的、他人的立场和观点去认识事物，总以为这是我的、那是我的，不懂得分享、合作，所以经常争抢玩具。加上孩子的语言表达能力还不够强，不能和小朋友通过沟通来协商、解决问题，所以就极易发生咬人、打人、抓人的现象。总之，并不是谁欺负谁的问题。

强强在幼儿园被小朋友打过，也打过小朋友，基本上都是在玩的时候，抢个玩具什么的。妈妈觉得小朋友之间的矛盾应该让他们自己去解决，好多时候，并不能确信自家孩子就没有出手。有一次，妈妈看到儿子的脸被抓伤了，问强强疼不疼，他自己却说没事！有时父母还在耿耿于怀，两个小朋友早就又笑嘻嘻抱成一团了，而且这种现象一般都发生在入园的前两年，大些就好了。

孩子在一起玩儿，不懂事，又不懂控制力度，打打闹闹、磕磕碰碰是常有的事情，受点儿轻伤、遭受点儿损失往往是相互的事情。这次自己的孩子吃了亏，下次可能就是别人的孩子吃亏，这本来就没有什么大不了的。哪个孩子没经历过这段时期呢?

孩子之间的打闹跟成人之间的打斗是有本质区别的，他们之间的打闹更多地带有游戏的成分，是一种玩耍。在玩耍的过程中，孩子慢慢学会该如何与周围小朋友交往，对他们来说，没有吃亏与不吃亏的概念，所谓吃亏与不吃亏其实是家长的想法。所以，孩子们刚刚打过，眼泪一抹，又搂抱在一起亲密无间了。

因此，如果孩子间为一些小事打架，在不产生严重后果的情况下，不妨就让孩子去摔打摔打。要从培养孩子的爱心出发，尽可能地去淡化人与人之间的“敌意”，教孩子宽容待人。如果教唆孩子被打必须得打回去，把成人世界观强加到孩子的世界里，这样的处理办法简单又粗暴，很不利于孩子成长。

“我不是受气包。”

——让孩子学会自我保护

引导孩子自己去解决问题

鼓励孩子勇敢地迈出第一步——自己想办法去解决问题。当孩子的正当权利受到侵害时，父母要做个冷静的旁观者，不出手干涉，不替孩子出头，只为孩子提供坚强的精神后盾，鼓励孩子通过自己的行动去改变。我们不可能时刻守护在孩子身边，在你可控的范围内，训练孩子自己解决冲突才是制胜高招。有的孩子因为经常被人欺负，对自己没有信心，家长更应该多鼓励孩子，从第一步慢慢做起。

一位爸爸曾抱怨说：“我家女儿是奶奶接送幼儿园。女儿在幼儿园被其他小朋友欺负，奶奶都会第一时间去‘教育’那位小朋友，结果孩子一遇到小朋友之间的纠纷，就找奶奶撑腰，不会自己解决问题。应该让孩子自己去处理人际关系，学着适应与其他人相处。可以先向孩子征求意见，问他想怎样做。”

要让孩子自己想办法，然后家长引导。因为孩子是当事人，他必须勇敢地去面对困难，想出自己认为可行的方案，家长在此基础上再进行判断和引导。

你可以引导孩子：“对于今天的事情，你是怎么看的？”“你认为别人欺负你的原因在哪里？”“你自己想怎么办呢？”“你找到解决办法了吗？”“下次如果再发生这样的事，你觉得自己应该怎么办？”让孩子学会分析问题，思考应该怎么做，才会使自己的行动有所改变。

孩子会有多种答案。比如，答案之一是：“我躲着他，找别人玩儿。”既然这是孩子自己想出来的解决之道，也可以减少或避免以后伤害的发生，父母即便心里对别的孩子欺负自己的孩子十分恼火、愤愤不平，也应该尊重和支持孩子的方法。解决问题没有绝对可行的方法，只有相对适合的方法，孩子选择的一般是自己觉得最得当的方法。

躲避的方法也许管用，也许不奏效。这时候父母不要否定躲避的方法，而是可以让孩子再想想其他方法，这个过程也是家长陪同孩子解决问题，锻炼孩子能力的机会。

其他方法还有什么呢？孩子可能会有第二种、第三种答案。如果孩子说的可行，家长应大加赞赏，给孩子以鼓励，使孩子获得执行的自信和勇气。如果孩子想不出好办法，你可以引导他：“躲避法行不行？告诉老师行不行？大声吼叫行不行？”告诉孩子各种可能的方法，给他信心，鼓励他去实践，并在心理上加以劝慰和疏导，甚至告诉他这是小事，每个孩子都会自己想办法解决。

下面这位妈妈就叙述了孩子是如何自己想办法解决被欺负问题的：

儿子从小脾气就好，很少见过他主动和别人争吵打架。上幼儿园时，总看到他被邻家孩子追得满院子狂奔，经常脸上、胳膊上、手背上带着些不重的伤痕从幼儿园回来，但他大部分时候都没事儿，一副无所谓的样子，问起是谁打的，他的小脸上会流露出一副打死也不说的神情。几次以后我们也不再问了，但总觉得孩子有些懦弱，替他担心。

儿子上小学后，因为不惹事而交到了很多朋友。碰到一些同学的家长，他们说很放心让自己的孩子和我儿子玩儿。听到这样的话，我才恍然大悟，原来孩子在幼儿园一直有自己应对被欺负的办法——不使用武力解决问题，而是通过奔跑来远离欺负他的孩子。看来父母真是不能轻视孩子自己的智慧啊！

让孩子学会自我保护

当面对小朋友的欺负和伤害时，孩子要懂得自我保护的方法。这些方法可以是孩子自己想出来的，也可以是父母和孩子一起讨论出来的。具体来说，可以有以下几种方法。

尽量保持自信。外表自信的孩子不容易受到欺负，父母要向孩子强调，一定要挺胸抬头，站直，给人一种自信、强大的印象。与孩子共同将上述情形排演几遍，直到熟练为止。

语气坚定地说“不”。如果孩子要对欺负者说点儿什么，就要非常直接地说出自己的想法，语气要坚定、有力：“不！”“别说了！”“不行！”“停！”“走开！”这样，欺负者更有可能无奈地走开。与之相反，哀求对方（“求求你。”“请停下。”）不会起到什么作用，甚至会让对方得寸进尺。在孩子理解这个方法之后，父母要和孩子多练几遍，能够不受欺负在很大程度上取决于孩子能不能用强有力的语气拒绝对方。

大声呼喊。有的孩子被欺负时，一声不吭，甚至退到墙角，只会哭，这样往往招来更多的欺负。教孩子学会用大声呼喊以示抵抗。一方面，这能引起其他小朋友、老师的注意，获得帮助；另一方面，也是给欺负者一种警告和示威。对孩子来说，叫一声也不会很难。

躲开欺负者。可以用手用力地推开对方，甩开对方的手。如果别人上来抓脸时，可以用胳膊挡一下。有的时候，情况比较危急，感觉自己应付不了可以跑掉，这样对方就打不到自己了。必要的时候，也可以向幼儿园的老师寻求帮助。

告诉老师。如果有孩子打自己打得很厉害时，就大声喊老师：“老师，某某打我了！”或者跑过去告诉老师。（不过不建议让孩子无论大事小事总是找老师告状，养成爱打小报告的习惯可不好，这样一是加重了他的依赖性，二是爱打小报告的人无论去哪儿都不受欢迎。）

a.自卑　b.自信　c.哀求

d.喝止　e.被动挨打

f.迅速躲开

图8-5　让孩子学会自我保护

被欺负时，可以适度反击

当上述方法都不能阻止欺负行为时，还有什么办法呢？反抗可不可以？

还是先让孩子去处理比较好。对于不同的欺负者，孩子会找到不同的应对方法。比如，打不过的，他就会逃跑；打得过的，他会还击。这是他自己学会的，要相信孩子的判断能力。如果教一种方法，往往会造成孩子无所适从。

因为幼儿园的孩子互相伤害的程度很小，父母也可以支持孩子进行反击。前提是要孩子自己提出来，他有这个想法，只是他自己不能肯定该不该这样做。父母可以这样说："他欺负你的时候你可以反击，把他推开。他如果退缩了，你就不要再追究，也不要用暴力去欺负其他同学。"如果孩子自己打了回去，那么他会懂得凭借自己的能力可以制止别人的暴力。

父母在这里必须认识到，这只是锻炼孩子解决问题，培养孩子拥有坚强意志的机会，而不是要培养孩子的暴力倾向，这个分寸需要家长自己掌握。如果这个办法奏效，孩子必能从中感受到解决问题的喜悦和自信，这无疑对他今后的成长大有裨益。

a.被动挨打

b.适度反击

图8-6　让孩子学会适度反击

在美国，孩子要参加自卫训练，这些训练可大大提高孩子的自我尊严，减小他成为受欺负者的可能。在瑞典，孩子受了欺负，父母既不能去找老师，也不能去找欺负人的孩子父母；对于孩子之间的互相欺负，老师一般是不管的，这叫鼓励竞争。欺负人的孩子会体验到实力带来的优势，被欺负的孩子会努力提高竞争能力。

“受气包”孩子的爸爸在平时可以和孩子玩一些打斗游戏，让他敢于出拳，也教他学会躲闪。爸爸作为成年人可以控制局面，因此以上活动都是安全的。如果孩子在外有一次正义还击并获得胜利，那么这会对他的性格形成和人际关系起到正向作用。当然父母也要教育孩子不要主动挑衅。这一点，“受气包”孩子不用强调也知道，但父母要避免物极必反的情况。

Part 9

亲社会行为
——培养孩子助人、分享、合作等品质

亲社会行为是指人们表现出来的对他人有益或对社会有积极影响的行为，比如助人、分享、合作、谦让、抚慰等。

幼儿亲社会行为的发展，是幼儿以自我为中心转向具有利他倾向的过程，是幼儿社会性发展的重要标志之一，也是幼儿成年后建立良好的人际关系及心理健康、和谐发展的重要基础。

幼儿教育应为人一生的发展打下基础，培养他们终生受益的品质。人们通过调查研究发现：人的某些亲社会行为的出现，不是随着年龄的增长而增多，相反却在减少。幼儿期，是亲社会行为开始形成的重要时期；幼儿期亲社会行为的发展，是幼儿道德发展的核心问题。因此，我们应注意从小培养幼儿的亲社会行为，这不仅是幼儿全面健康发展的需要，也是现在素质教育的需要、未来社会发展的需要。

婴幼儿的亲社会行为是如何发展的

——什么是亲社会行为

2岁以前的孩子就有亲社会行为

2岁以前的孩子已经出现了一些亲社会行为，如安慰、分享、同情、帮助等。具体有以下表现。

婴儿能对他人的需要表现出极大的敏感性和同情心。3个月的婴儿就能对友善和不友善做出不同反应，6～7个月的婴儿能分辨愤怒和微笑的面孔。

12个月的幼儿会与别人“分享”他感兴趣的活动，偶尔还会把玩具给同伴玩儿。

18个月时，幼儿会将玩具出示和递给不同的成人（母亲、父亲或陌生人），这些分享行为表明幼儿已经开始参与人际交往活动；幼儿还试图帮助父母做清扫、除尘或摆放椅子等家务活；会对他人的情绪悲伤、痛苦、恐惧等发生同情反应，或做出援助性行为、安慰行为，如别人痛苦时，他也会哭、烦躁等，会提供物品、触摸别人、轻拍别人以示安慰。

20个月以后，言语和行为表现更明显。比如，对痛苦的孩子，他表情上好像很难过，并说出安慰的话："你会好的。"也会给以忠告："以后要小心。"

让我们看一下21个月的铭铭对悲伤的同伴哲哲的反应，铭铭的母亲是这样叙述的：

今天哲哲很暴躁，总是大喊大叫，而且一直在持续。铭铭走过去给哲哲玩具，希望让他高兴，还说着"在这儿，哲哲"之类的话。我对铭铭说："哲哲很伤心，他感觉不高兴，心情不好。"铭铭一边皱着眉头一边看着我，好像他真的理解了哲哲哭泣是因为不高兴……他走过去拉着哲哲的胳膊说："好啦，哲哲。"然后继续给他玩具。

显然，铭铭在关心他的小伙伴，并且想尽可能地让对方感觉好一些。

2岁左右的孩子还会把物品和食物分给同伴。他们更可能在玩具不够的时候把自己的玩具给同伴，而不是在玩具很多的时候。如果不能解决问题，便向第三者寻求帮助，如要求成人帮助。如果别人的痛苦是由另一个同伴引起，还会出现好战的利他行为，如推搡作为攻击者的另一个同伴。

2～6岁，孩子的亲社会行为越来越多

尽管许多两三岁左右的孩子对同伴的悲伤表现出了同情和怜悯，但他们并不是真正热衷于做出自我牺牲，比如和同伴分享一个心爱的玩具。只有当成人教育孩子要考虑他人需要的时候，或者当一个同伴主动要求甚至强迫他们做出分享行为时，例如对孩子说"如果你不给我，我就不跟你做好朋友"，分享和其他友善行为才更有可能发生。从整体上看，婴幼儿自发满足他人利益的自我牺牲行为还是比较少的。

儿童的亲社会行为随年龄的增长而发展，不论是在何种文化背景下都是如此。2.5～3.5岁的孩子常常能对自己在假装游戏中表现出的友善行为感到满足；4～6岁的孩子则更多地表现出真实的助人行为，而很少假扮助人者的角色。

孩子的亲社会行为可能是单纯利他的，如因同情或道德观念而引起的帮

助行为；也可能是既利己又利他的，如分享玩具是为了获得某种奖励、避免某种惩罚，也可能是为了得到父母的喜欢、老师的赞扬、同学的欣赏等。不管孩子抱有哪一种行为动机，只要他做出的行为是善意的，有利于别人和社会的行为，都是亲社会行为。

幼儿亲社会行为的特点

在幼儿的亲社会行为中，合作行为最为常见，再次为分享行为和助人行为，安慰行为和公德行为较少发生。

幼儿的亲社会行为存在个别差异。有人观察3～7岁幼儿对同伴困境的反应，记录一个幼儿大哭引起的他附近幼儿的反应。结果发现，毫无反应的幼儿极少，只占7%；目睹事件的幼儿有一半呈现面部表情；有17%的幼儿直接去安慰大哭者；其他同情行为包括10%的幼儿去寻找成人帮助，5%的幼儿去威胁肇事者，但有12%的幼儿回避，2%的幼儿表现出了明显的非同情性反应。这表明幼儿的亲社会行为存在个别差异，也说明亲社会行为的发展需要适当的引导和教育。

女孩比男孩更加亲社会，但是这一差异很小。女孩常常比男孩更愿意帮助他人和与他人分享，这种性别差异的幅度并不大。人们相信女孩更关心他人的悲喜，会比男孩更多地用面部表情和言语方式表示同情，但实际上，男孩在遇到悲伤的人时，也会有和女孩一样的生理反应。不过，与女孩相比，男孩常常不大与人合作，喜欢与人竞争。一项研究发现，到小学阶段，男孩比女孩更有可能在游戏中阻止另一个孩子获胜，甚至在不管他人表现好坏，他们自己都很容易获胜的时候也是如此。这样看来，对男孩来说，有很好的表现，或者获得支配他人的地位，似乎更重要。

社会文化对孩子亲社会行为的发展有广泛影响。一项研究发现，美国等工业化国家的孩子的亲社会行为得分普遍较低，原因是社会中过分强调竞争，强调个人；而肯尼亚、墨西哥等非工业化国家的孩子的得分普遍较高，原因是其社会文化要求儿童从小就要学会与人合作，学会避免和人发生冲突。

幼儿的亲社会行为除受年龄和社会文化影响外，还主要受以下两大因素影响：其一，移情能力强的孩子更容易帮助人；其二，父母的教育方式，尤其是父母作为亲社会行为的榜样力量，能影响孩子更加仁慈或更乐于助人。

移情

——孩子助人行为的驱动力

先来看看下面这两个场景：

场景一：两位妈妈是好朋友，在一起聊天，她们的孩子昕昕和美美5岁左右，在一旁玩儿。过了一会儿，昕昕不小心摔倒了，坐在地上哇哇地哭。美美却无动于衷，没有任何表示，仍然在一边玩自己的玩具。美美的妈妈很生气，对美美说："妹妹摔倒了，你怎么都不拉她起来？"美美理直气壮地回答："又不是我推的，她是自己摔倒的，干吗要我拉？"

场景二：幼儿园里，5岁的嘉嘉怎么也系不好鞋带，旁边的小可看见了，就主动走上前帮他系好了鞋带。小可伸出双手帮助了处于困境中的伙伴，向别人表示了关心和友善的感情。

上面两个场景里的孩子在对他人情感的理解与共鸣上表现出不同的水平，也就是心理学说的移情能力。

移情指的是一个人在看到另一个人处于一种情绪时，自己的情绪也会被他人感染，从而出现与对方相同的情绪感受。这可以理解为一种换位思考，或者说是情绪共鸣，移情使得人们能够站在别人的立场上思考问题，设身处地为他人着想，即具有同情心。

移情不仅可以抑制幼儿的攻击行为，而且可以增加幼儿在社会交往中的谦让、助人、合作和分享等亲社会行为，它是幼儿产生亲社会行为最主要的前提条件。因此，移情是助人行为的重要动机源泉，可以用“移情→同情→助人行为”这个公式来表示移情对助人行为的影响。

同情是人类一种美好的感情，也是人际交往中应该具备的条件之一，人与人之间相互同情、相互关心，那么集体生活中、家庭生活中就充满着温馨和关爱，社会就会成为一个和谐的大集体。

对于幼儿来说，由于其认识的局限，特别是容易以自我为中心考虑问题。因此，帮助幼儿从他人角度去考虑问题、培养他们的移情能力，是发展幼儿亲社会行为的主要途径。

幼儿移情能力的发展

移情是普遍存在的，孩子同样有这种能力。国内外许多研究者对婴幼儿移情的发展进行了研究，其中霍夫曼的研究非常具有影响力。霍夫曼认为，随着婴幼儿年龄的增长，认知能力的不断提高，情绪体验的丰富，移情水平也在不断发展。他将婴幼儿移情发展分为以下四个阶段。

0～1岁，普遍移情。此时，婴儿自我意识尚未形成，还不能清楚地区分自我和他人，他们常常不清楚到底是自己还是对方在经历着痛苦与悲伤，绝大多数情况是从自身的感受和体验出发。例如，当婴儿听见另一个婴儿哭泣时，自己也会跟着哭起来。同时，他们仅仅对他人较强烈的情绪有反应。一些研究表明，这种反应性哭泣并不是一种毫无情感成分的简单声音模仿，而是一种强有力的和焦躁的忧伤反应。因为实验表明，当他们听见一个人工产生的（计算机模拟的）同样大声的哭声时，他们并不会哭泣。所以，这一时期由他人表情所引发的婴儿移情反应是普遍性移情，其特征为感受与刺激的混合。

a.0～1岁：普遍移情
听到别的婴儿啼哭，宝宝自己
也会跟着哭起来

b.1～2岁：以自我为中心的移情
妈妈悲伤时，孩子会把自己的
玩具给妈妈

c.3岁开始：对他人情感的移情
妈妈劳累一天，孩子能帮妈妈端来洗脚水

d.童年晚期开始：对他人生活状况的移情
孩子会对乞讨者施以援手

图9-1　幼儿移情能力的发展

1～2岁，以自我为中心的移情。此时，幼儿初步的自我意识开始萌芽，能意识到自我与他人的不同，逐渐学会区分别人与自己的痛苦，但仍不能清楚地区别自己和他人的内部状态，经常将二者混淆起来。因此，此阶段的幼儿会通过行动减轻他人的不安与痛苦，但这种行为看起来也许只是为了减轻自己的不安与痛苦。例如，一个13个月大的幼儿，当他看到悲伤的妈妈时，会把自己正在玩的玩具递给妈妈，或者把自己正在吃的饼干给妈妈。在他哭泣的时候，妈妈用来安抚他的物品，这个时候会被他送给妈妈。可见，幼儿的助人行为是以自我为中心的，采用的方式往往是不适当的。

3岁开始，对他人情感的移情。幼儿开始走出以自我为中心，随着观点采择能力的发展，不断提高区别自己与他人观点和情感的能力，能从"表情"来辨别和理解各种情绪，助人行为比之前更恰如其分地反映了他人的需要和情感。比如，通过经验积累和良好教育，孩子能理解爸爸妈妈很辛苦，并做出给大人倒水、帮大人做事等举动。

童年晚期开始，对他人生活状况的移情。进入童年晚期，孩子认识到自己和他人各有自己的历史和个性，不仅能从当前情境，而且能从更广阔的生活经历来看待他人所感受的愉悦和痛苦。随着各种社会观的形成和发展，孩子还会对某个群体或阶层，如贫困者、受压迫者、流浪者、发展迟滞者等，表现出移情。这样的移情水平对儿童而言，能提供一种促进其道德和思想理念发展并形成行为倾向的动力基础。在这一阶段，儿童能够注意到他人的生活经验和背景，对他人的情感反应超出了直接情景的局限。因此，儿童能够意识到，一个富人丢了50元钱和一个穷人丢了50元钱的反应是不一样的。

移情与亲社会行为之间存在着密切的关系。许多心理学家都认为移情是婴幼儿助人行为的重要动机源，它使亲社会行为建立在自愿基础之上，增加了助人和其他亲社会行为。

三大训练法

——提高孩子的移情能力

移情能力虽然是孩子潜在的能力之一，但是多依靠后天养成。幼儿期是培养孩子移情能力的最佳时期。

对孩子进行移情培养，可以让孩子观察、分析、判断他人的外在行为、表情等，以感知对方的情感；可以让孩子追忆已有的生活经历，对他人的处境感同身受；可以让孩子亲身体验，来感知他人的心情，产生移情等。

移情训练之一：情绪识别法

能正确地识别他人的情绪是孩子移情能力形成的基础。父母可以在日常生活中引导孩子关注他人的情绪反应。2岁的孩子对自己和他人所处的情绪状态不能明确地辨识，他们只能笼统地把自己的情绪分为“高兴”或“不高兴”两种。随着孩子年龄的增长，父母可以采用以下方法逐渐使孩子认识高兴、生气、喜欢、讨厌、伤心、害怕、好奇、内疚等情绪。

识别表情

面对孩子的时候，一边做出各种表情，如开心、生气、兴奋等，动作不妨夸张一点儿，一边给宝宝做讲解：“看妈妈的表情，妈妈在笑，因为和你待在一起妈妈很开心。”你丰富的表情有助于宝宝的情绪发展，这样宝宝才能看懂别人的表情，才能走出理解他人的第一步。

有意识引导孩子观察图画书、动画片中一些明显的人物表情。例如，陪宝宝看绘本的时候，可以指着书中的人物对宝宝说：“这个小朋友在外面玩耍，你看他笑得多开心。”“这个宝宝有点儿不高兴，小嘴都噘着的。是不是饿了？你饿了的时候也是这样的表情哦！”试着让宝宝了解自身和他人在某种情景下的感受，以及不同的表情透露出的内心感受。

还可以带宝宝到穿衣镜前，让孩子观察自己的表情。孩子会对镜子中的人非常好奇，并试图做出各种表情，然后好奇地看镜子里的人有什么反应，好奇心有助于孩子用更大的积极性去探索表情的奥秘。

另外，孩子的很多行为都是模仿大人的，他们对此也总乐此不疲，家长可以和宝宝面对面，或者在两个人面前放一面镜子，然后做出各种表情，并引导宝宝和自己一起做，一边做一边和宝宝说话，让游戏充满乐趣。

描述情绪

孩子认识一些基本情绪后，父母可以要求孩子把这些情绪用正确的语言表达出来。比如，孩子看到一样新奇有趣的玩具，家长问孩子：“你看到这个玩具，心里怎么想？”孩子可能会准确地说出：“我很喜欢它。”而不是简单地回答：“我很高兴。”又如，当孩子做错事后，父母问他：“你现在心里感觉怎么样？”他们如果能说出“觉得难为情”，就比单纯地说“觉得不舒服”更有情绪识别能力。

推测情绪

即通过讲故事的形式，让孩子结合故事的情景，判断人物的内心感受，了解其当时的情感体验，逐渐理解不同情境下人们会有不同感受。例如，可以这样引导孩子：“有一天，小白兔在森林里玩儿，突然一只大灰狼出现在小白兔的面前。请想一想小白兔心里会觉得怎样？”

也可以根据生活中的不同事件，引导幼儿描绘自己在该事件发生时的感受，希望得到他人怎样的关注、理解，从分析自己来判断别人此时内心的情感体验。比如，被小伙伴拒绝后的心情如何？此时最希望别人为你做什么？然后，尝试着推及他人，让孩子想象他人遇到这种情况会有什么样的感受，从而实现对他人的移情。

追忆情绪

唤起孩子的情绪追忆，也能加强情绪体验与特定情景之间的联系，从而使孩子换位思考，产生共鸣。例如，看到邻居家的孩子感冒发烧了，你可以引导孩子："你的小伙伴发烧了，体温很高呀。我记得你前几天也感冒发热了，好像感觉特别难受，非常不舒服，对吧？"通过引导孩子情绪追忆，使他们能想象出别人当时的感受。

移情训练之二：角色扮演法

角色扮演，是一种使人们暂时置身于他人的社会位置，并按这一位置所要求的方式和态度行事的心理学技术。它使人们能够亲自实践他人的角色，从而可以更好地正确理解他人的处境，体验他人在各种不同情况下的内心情感。

因为幼儿的思维方式主要是以直观的动作为特点，再加上幼儿在情绪、情感上具有易感染性的特点，让孩子置身于某一情境之中，幼儿可以转换到他人的位置去体验某种情绪、情感状态，从而产生移情，设身处地为他人着想。所以，寓教于乐的角色扮演移情训练非常适合对幼儿移情能力的培养。

例如，父母可以让孩子蒙上眼睛，当一回"残疾人"，让他做一些日常生活中很容易就做到的事，体验残疾人听不到声音、看不到东西的难受，从而产生移情，进而对弱势人群给予关注，并愿意施与力所能及的帮助。父母先给孩子蒙上眼睛，让他听口令行动，比如拿杯子、坐到自己的座位上、取玩具等。孩子肯定做不好，然后父母上前帮助。之后交换角色，父母当盲人，孩子来帮忙。最后趁热打铁，讨论平时残疾人最容易碰到什么困难，他们最需要别人的哪些帮忙。我们可以为他们做些什么，等等。进而推广到："你还见过什么人有这样的困难？你该怎么做？""如果你是一位老爷爷，在生活中有很多不方便，你的心情会怎么样？你需要哪些帮助？”

如果孩子不守纪律、好动、缺乏耐心、攻击性强，可以让他在角色游戏中担任“警察”。孩子因为做了“警察”，必须坚守岗位，送老人、孩子过马路……多做这样的游戏，孩子会慢慢做到遵守规范、乐于助人、减少打斗。

父母还可以和孩子玩“过家家”游戏，让孩子来扮演不同角色，体会不同角色的心理，从而提高孩子的移情能力。当孩子扮成医生给你（或者洋娃娃）打针时，他可能一手拿着一支笔，假装是注射针筒，一手抚摸着你，同时还安慰你：“不痛不痛，一下就好，你是个勇敢的孩子。”或者让孩子扮演护士、家人、朋友等，对“病人”进行安慰和帮助。事实上，孩子几天前去医院打针时还害怕得不停哭闹呢。而透过这个游戏，他会试图“听医生的话，说服自己”，慢慢内化他人的观点和期望，同时这也是对自己“害怕打针”的安慰和疏解。

这类角色扮演的情景模拟游戏可以让孩子学会站在别人的角度看问题，培养孩子接受他人的观点，逐渐学会替他人着想。

图9-2　移情训练：角色扮演法

移情训练之三：换位思考法

下面这位家长在教育孩子时使用了换位思考方法，非常有借鉴意义。

当我发现儿子把琪琪小朋友的图画书撕烂后，我真想好好教训儿子一顿，因为儿子最近总干坏事，说了好几次都不起作用。可是我又想，能不能想个管用的办法呢？

于是，我把儿子叫到跟前说："你最喜欢什么东西呀？"

儿子："我最喜欢爸爸给我买的变形金刚！"

我："你的变形金刚很好玩儿，你很喜欢它，如果琪琪小朋友故意把你的变形金刚摔坏了，你心里会有什么样的感觉？"

儿子："我会很生气、很伤心！"

我："对。你现在把琪琪最心爱的图画书撕烂了，你想想她心里会怎么样？"

儿子小声地说："伤心。"

我："那你觉得你做得对吗？"

儿子："不对。"

我接着说："你做得不对，以后就别故意伤别人的心了。你向琪琪道歉吧！"

儿子转过身真诚地对琪琪说："对不起。"

接下来，儿子和我一起用透明胶带把琪琪的图画书粘好了。

应该让孩子学会换位思考。例如，孩子跌倒了，扶起他后，除了安慰他，你还可以让孩子讲讲自己摔跤后的感受，孩子可能会说："感觉很疼，心里特别希望得到别人的帮助，不希望被周围的人嘲笑。"最后你告诉孩子，以后看到其他小朋友需要帮助，要主动伸出援手。

换位思考法也可以结合角色扮演来使用。如果你的孩子和另一个小朋友玩的时候，抢走了对方手中的玩具坦克，你看见了，可以先不去批评他，而是说："来，我们来玩个抢玩具的游戏。"这次，你扮演抢玩具者，把玩具从孩子的手里夺走。表演完后，你对孩子说："你被抢走玩具的时候又生气又伤心，是不是？你抢别人的玩具，别人也会伤心的。"

图9-3　移情训练：换位思考法

言传身教

——父母用行动引导孩子向上向善

一位小朋友向老师“投诉”：“老师，阳阳不借水彩笔给我。”老师问阳阳：“阳阳，你为什么不借水彩笔给他呢？”阳阳回答：“我奶奶说不能借给别人。”

幼儿的模仿能力极强，榜样在幼儿亲社会行为形成中占有相当重要的地位。幼儿置身于社会之中，无论是周围的人们，还是电影、电视、小说中的主人公，都是儿童学习模仿的对象。

榜样的力量最大

有一个很典型的实验是这样的：让孩子们观看一个成人的滚木球游戏，这个成人把赢得的一部分奖品捐赠出来作为穷苦儿童的基金，然后让这些孩子单独玩这类游戏，结果他们当中把奖励所得捐赠出来的人数远远超过没有观看过成人模式的孩子。即便实验后过了两个月，这些参与实验的儿童仍然很慷慨，说明模式的影响是长期的。

幼儿观看别人的亲社会行为有助于培养自己的亲社会行为。多次看到别人把自己的东西分给需要者的幼儿比只看到一次的幼儿，能更多地把自己的东西分给别人。幼儿在看过助人行为电视后会在游戏场上表现出更多的彼此帮助的行为。

幼儿模仿榜样存在着一般规律，他们开始时会模仿周围亲近的人，随后模仿距离较远的人；先模仿父母、教师，后模仿社会上的人；先模仿现实中存在的人，后模仿文学、电影等艺术作品中的人物等。

一般来说，榜样的地位越高、越具权威性，就越容易被模仿。家长是幼儿心目中的权威，他们渴望模仿成人，特别是父母那样的人。幼儿对家长的一言一行都看在眼里、记在心里，哪怕是面部表情的一个细微变化都逃不过幼儿的眼睛，这些都会给他们留下深刻的印象，成为他们模仿的对象。

家庭是幼儿生活和接受教育的第一课堂，家长是幼儿学习的榜样，是孩子的第一任启蒙老师，对幼儿的影响很大。所以，在培养幼儿亲社会行为时，家长的榜样作用最不容忽视。为孩子提供亲社会行为的榜样是培养其亲社会行为的最基本方法。

实行民主型的教养方式

父母教育儿童的方式影响着儿童社会行为的发展，其中民主型的教养方式有利于发展儿童的社会适应能力和亲社会行为。这是因为采用民主型教育、教养方式的父母多以较为温和的、非强制性的说理方式来教育儿童，儿童也从父母的教育、教养行为中习得了以同样的方式对待他人。

重视和孩子的沟通。家长常常觉得孩子还小，什么都不懂，所以跟他说自己的想法他也不会理解，因此缺乏和孩子的情感沟通。其实家长自己有什么情绪时，也可以和孩子分享，让孩子有了解你的感受的机会，这样他们在面对其他人的各种情绪时，就能有更多直观的认识，能处理得更好，也能更深切地了解和认同他人的感受。

鼓励孩子表达自己的情感。情感表达能促进移情能力的发展。孩子的心理活动非常丰富，并不是让他吃饱穿暖就可以了，还要多听听孩子的心里话。例如，你可以这样问孩子："你看起来很不高兴，发生什么事了，告诉妈妈，好吗？""爸爸刚才忙着做事没空陪你，你生气了吗？"引导孩子说出他的感受，当孩子用不完整、不清晰的词句表达他的感受时，不要打断他，认真聆听。

总之，亲子之间的相互作用和情感关系将会影响到幼儿对以后社会关系的期望和反应，民主、和谐、平等的家庭氛围和亲子关系对幼儿亲社会行为的发展起着十分重要的作用。

父母以身作则，引导孩子向上向善

家长要注意规范自身的言行，做孩子的楷模，以良好的品德行为潜移默化地影响幼儿。生活是幼儿的课堂，日常生活中的点滴小事虽然琐碎，却都是幼儿观察、学习、模仿的重要内容。

例如，在家里，当孩子因为小鸟死了而伤心时，父母常冷冷地丢下一句"哭什么，死了就死了呗"，然后顺手把小鸟扔到垃圾箱里。在家长这些负面行为的影响下，我们又怎么能期盼孩子们会做出同情、关心他人的行为呢？

因此，家长应切实提高自身的修养，规范自己的行为，注意与周围的人和睦相处、积极合作，并热心为他人排忧解难，为孩子树立良好的行为榜样。

家长不仅要在孩子摔倒、伤心、遇到困难时给予关怀和帮助，而且在遇到他人（如同伴、邻里）有困难时，要给予关注、抚慰，并要求、带动孩子这样做，随时随地给孩子树立良好的榜样。

a.家长态度冷漠

b.家长富有同情心

图9-4　引导孩子向上向善

例如，为了培养孩子乐于助人的品质，父母可从让孩子从关心家人、身边人开始，从小事做起。当妈妈下班回来时，爸爸让孩子去问问妈妈累不累；当爸爸出门办事时，妈妈让孩子去说一句“路上骑车要小心”；当妈妈蹲着洗衣服时，爸爸可以启发孩子，并让他送去小板凳；当奶奶生病卧床时，妈妈可以让孩子给递水、送药；当买回来新鲜的橘子，让孩子剥橘子给家人吃，使孩子懂得好东西要分享；当看到老人手里的报纸滑落时，告诉孩子：“你看那位老爷爷弯腰多吃力呀，赶快帮助他把报纸捡起来吧！”当孩子的玩伴摔倒时，让孩子主动去扶起来，并加以安慰……在这些举动中，孩子会体验到帮助别人的快乐。

榜样故事

——用故事激励孩子的助人、分享、合作精神

1个榜样故事顶100句说教

榜样的主要功能在于激励和示范。父母在培养孩子良好的行为习惯和品格的时候往往都有这样的体会：简单说教和粗暴的干涉都达不到预想的效果，而给孩子讲一个他喜欢的榜样故事，孩子就会自觉地模仿和学习榜样的行为。

榜样不仅可以是生活中的家人，还可以是儿童故事里的形象。许多童话、寓言、儿歌、动画片等讲述了分享、合作、助人等亲社会行为的故事。这些栩栩如生的人物形象和他们高尚的情操、思想往往会激起孩子情感上强烈的共鸣，有的形象甚至让他们终生难忘，只要一想到这样的形象，孩子就会按照他们身上的某一种品质或行为来要求自己，激励自己。所以，家长可以充分利用这些生动、形象、富有童趣的文学形象来培养孩子的亲社会行为。

凸显故事中的角色榜样形象

比如，绘本《城里最漂亮的巨人》是一本很棒的童书，内容讲的是：

乔治是个巨人——城里最邋遢的巨人。他总是穿着同一双棕黄色的旧凉鞋，同一件打着补丁的旧袍子。然而，乔治却有一顶美丽的金冠，因为他是城里最好心眼儿的巨人，也是城里最快乐的巨人，你看他单脚跳着走，边走边唱的样子就知道。一个人，如果真愿意帮助别人，那么这种快乐就会是抑制不住的。

在讲这个故事时，父母要强调巨人爱助人的品质，帮助孩子理解巨人之所以漂亮是因为他心眼好、爱助人。可以在阅读过程中，陆续向孩子提出问题："巨人把××送给了××，他漂亮的衣服少了一件，为什么他却那么高兴？""巨人到最后又变成邋遢的样子，可大家却说他是城里最漂亮的巨人，这是为什么？"通过这些问题的引导，孩子自然会明白：助人不但可以让别人开心，更能让自己成为受欢迎的人。这样这个爱助人的巨人形象就更深刻，使孩子乐意效仿。

如果发现自己的孩子对合作的认知有偏差，可以选择绘本《南瓜汤》。当讲述到"小鸭子不想再做放盐的工作，他想去搅汤"时，父母先不往下讲，而是问孩子："如果你是松鼠和猫，会同意让小鸭子搅拌汤吗？"

孩子可能会给出下列两种观点中的一种。一种是不同意："因为小鸭子太小，力气不够，他不会做搅拌汤的事，会把汤弄洒的，甚至还会发生危险。"另一种则认为："应该同意，因为小鸭子总是做最简单的事，他会不开心的，不愿意再放盐。如果担心他不会，松鼠和猫可以教他……"

接下去，父母继续阅读绘本（小鸭子离家出走，松鼠和猫发现失去朋友的痛苦，去寻找小鸭子并在小鸭子回家后重新开始合作），使孩子逐渐明白：真正的合作，是合作小组中的每一个成员都能尊重和平等对待合作伙伴，在分工时要自主自愿，在合作过程中既要考虑各自的喜好，也要考虑各自的能力，以共同发挥作用。

强化故事中的亲社会语言

语言是社会交往的最直接工具，是孩子亲社会行为发展的重要组成部分。因此，父母在和孩子阅读儿童故事时要特别注重引导孩子学习里面的亲社会语言，例如可以把故事中诸如“别担心，我会保护你的”“加油，你能行的”“有你在，我就不怕了”等语言提取出来并加以分类，让幼儿模仿，并用这些语言进行安慰、鼓励、表扬，从而使被帮助的人在精神上得到支持。

小贴士

父母在和孩子阅读儿童故事时，要引导孩子对亲社会行为进行反复感受、讨论，使孩子喜爱榜样形象，理解并愿意去践行蕴含在故事里的亲社会行为规则和价值观。

Part 10

性别意识

——从0岁开始呵护童贞

在婴儿刚刚出生后，家长们就会根据婴儿性别为他们布置房间、购买衣服和玩具，男孩用蓝色、玩具车，女孩用粉色、芭比娃娃。绝大多数孩子会遵循这种性别界线，但如果孩子表现出与性别相反的兴趣，譬如男生爱裙子、女生爱打闹，父母怎么办?

现在越来越多的父母都非常关心和重视孩子青春期的性教育，让孩子学会保护自己、爱护自己，这是非常必要的。但父母往往忽视了从孩子出生就应开始的性别教育。

性别教育是对孩子进行性教育的基础，是孩子形成性别观念和性别态度、产生相应性别行为的社会化教育过程，也是孩子形成健康人格的基础。所以从小就对孩子进行科学的性别教育也是非常必要的。

同时，如果我们从孩子出生就开始关心和保护他们天然的“性”，在孩子性心理发展到达的每一个阶段都掌握孩子性发展的规律，在充分尊重孩子个体性差异的同时，加上明确的性知识的引导，逐渐引导孩子建立起幼儿时期健康的羞耻感和道德感，我们的孩子一定能从小具备性心理健康的基本素质，为后续青春期的性发展奠定良好的基础，从而健康快乐地长大。

男孩爱打人，女孩说话早

——性别差异有哪些

男人和女人生来就是不同的。男性通常比女性更高、更重、更强健，然而令人不可思议的是，女性却更长寿。虽然生理上的性别差异十分显著，但心理上的性别差异却并不如我们想象的那么明显。

比较研究发现，人们常说的那些性别差异往往是性别刻板印象，仅有四项微小但可信的性别差异得到了研究结果的印证。

攻击性

男孩会更多地成为攻击者和被攻击者，特别是身体上的攻击，即使在早期社会性游戏中也是如此。从2岁开始，男孩的身体攻击和言语攻击就都多于女孩；在青春期，男孩卷入反社会行为和暴力犯罪的可能性是女孩的数倍。

但是，女孩却更容易以隐蔽的方式向他人表现敌意，如冷落他人、忽视他人、故意破坏他人的人际关系和社交地位等。

与女孩相比，男孩不善于用成熟的思考来替代冲动行为；女孩在幼儿园有可能通过练习改善她们的表现，而男孩则不能，在行为的自我控制能力上，男孩远比女孩差。

在活动水平方面，甚至在出生之前，男孩的身体活动就比女孩活跃，而且在整个童年期，特别是在与同伴的交往中，男孩都一直保持着比女孩更高的活动水平。这有助于解释为什么男孩比女孩更有可能发起和参与打闹游戏。

言语能力

女孩的言语能力优于男孩。女性的大脑对于语言会加工得更加缜密，所以女孩通常比男孩说话要早，而且表达能力更好。幼儿阶段，她们更早说出句子，内容也更长、更复杂，表达得更流畅。进入小学后，女生在阅读和写作上的成绩通常也比男生要好。在中学阶段，这种优势显著增加，包括词汇、阅读理解和言语创造性。

视觉-空间能力

男孩的视觉-空间能力优于女孩。所谓视觉-空间能力，是根据图片进行推理或在心理上操作图片的能力，表现在从不同角度识别相同图形、二维或三维物体和确定目标物等活动中。（在下面给出的这个“心理旋转”测试中，男性的成绩总体上要好于女性。）法国一项针对2岁孩子的对比研究显示，21%的男孩可以用积木搭出一座桥，而只有8%的女孩可以完成这项任务。男性在空间能力上的优势虽然不大，但在4岁时就已经有所体现，这种空间能力上的优势从幼儿时代一直到成人阶段都有明显的显现。

另外，在视觉上，一些研究表明，男性的视网膜对于运动的物体更加敏感，而女性的视网膜则侧重在色彩和纹理方面。因此，女孩子喜欢用明快的色彩画花和蝴蝶，男孩喜欢用灰暗一些的颜色描摹汽车或太空船。

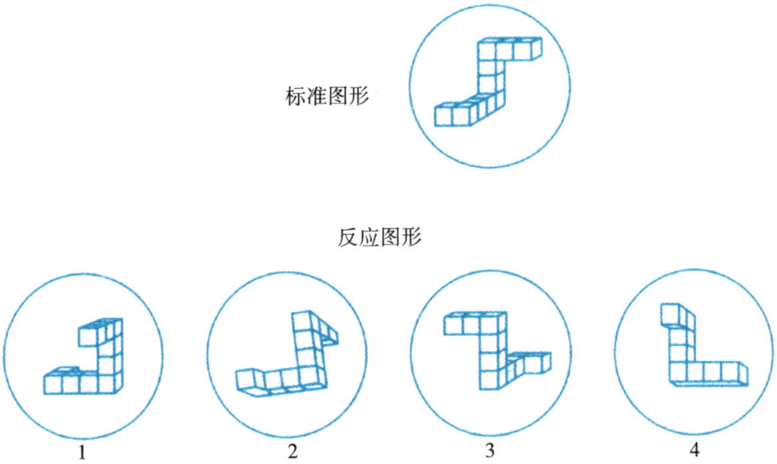

在4个转换图形中，参与测试者要选出标准图形在其他方位上的图像

图10-1 “心理旋转”

数学能力

从青春期开始，男孩在算术推理测验上表现出了相对于女孩的微小但持续的优势。女孩在计算技能上优于男孩，但男孩掌握了更多的数学问题解决策略。男孩在数学问题上的优势在高中阶段最为显著，也有更多的男性在数学上表现出了惊人的才能。似乎视觉–空间能力和问题解决策略上的性别差异共同促成了算术推理能力上的性别差异。也有一些专家在研究中发现，并不是女孩学不好数学，而是她们的老师不相信她们能做得同男孩一样出色。在理科方面女孩被寄予的希望值较低。

上面说到的这些差异，反映的是“群体的平均情况”，并且男女在言语、空间和数学能力上的差异是非常微小的，甚至有可能在某些国家和地区并不存在。

男性与女性在心理上的共性远远大于差异性，即使是那些得到了最有力证实的差异也是非常有限的。所以，我们绝不能仅根据一个人的性别就正确地推断出他的攻击性水平、数学能力或者情感表达能力。只有在计算群体的平均水平时，性别差异才会出现。

“我是男孩还是女孩？”

——性别认同的发展

一位幼儿园老师说：我们班的一个小女孩有个不好的习惯，就是每次上厕所小便时，她都要站着尿。我跟她说，女孩子要蹲着尿，她就宁愿憋着也不去撒尿，后来实在憋不住了，才去厕所。有的男孩也学女孩蹲着撒尿。

女孩站着撒尿（或男孩蹲着撒尿），这说明孩子还不确定自己到底是女孩还是男孩，处于性别认同的建立期，需要家庭和学校及时、正确的引导。

性别认同的第一步是区分男性和女性，并把自己归入其中的一类。

孩子刚生下来是不可能知道自己的性别的。

2岁左右，孩子开始注意到性别的不同，进行最初的性别认同，但水平很低。

2.5～3岁的大多数孩子已能正确说出自己是男孩或是女孩。不过，这时他们还不能真正明白男女的不同，对性别的理解只是外部特征层面的，不能认识到性别是不变的属性。例如，许多3岁的孩子认为：如果他们真的愿意，男孩可以成为妈妈，女孩可以成为爸爸；一个男孩穿上裙子，他就变成女孩了。这是因为孩子和成人在性别认同的线索上存在差异。成人依据的顺序是：生殖器官——身体轮廓——服饰头饰。孩子依据的顺序是：发型（尤其是头发长短）——服饰——生理特点。这种差异导致他们不能认识到性别是恒定不变的。

图10-2　性别认同的发展

4岁孩子对性别的意识开始丰富。研究人员向孩子提问："当你还是婴儿时，你是男孩还是女孩？""当你长大后，你会当妈妈还是爸爸？"结果发现，4岁以后的孩子已经能正确回答，他们认识到自己的性别是稳定不变的，不随年龄、情境的改变而改变。

5岁以后，孩子真正开始了解两性的差异。他们知道除了外表的不同外，还包括生殖器官的不同。如果你问他们，男生和女生有什么不一样，最常听到的答案可能是“男生不可以穿裙子”“女生可以留长发”等。但如果你一直追问，他们会有些不好意思地告诉你：“男生有小鸡鸡，女生没有。”由于理解加深，这时的孩子对性别开始敏感起来，懂得不好意思和回避了。

5～7岁的孩子知道一个人的性别是不会因为穿异性的衣服、从事异性的活动而改变的。他们能够真正理解性别具有跨情境的恒常性。所以到上小学时，大部分孩子都已经形成完整的、稳定的、以未来为指向的性别认同。

变性人、同性恋

——性别认同障碍

一位成年人这样叙述自己的经历：我出生时是个男孩。小时候，父母都忙生意，我由外婆一个人带。外婆特别喜欢女孩，总在我面前说女孩文静、漂亮、招人喜爱，让我穿粉色的衣服，戴小首饰，还给我留长发……从小学到中学，我越来越觉得自己应该是个女孩，不仅穿衣打扮，连说话的语气神态也像足了女生，同学们都在背后叫我“娘娘腔”。工作以后，我越来越痛恨自己的男性身份，几经考虑，虽然家人强烈反对，但我还是执意做了变性手术。

小男孩从小被外婆以养女孩的方式养大，心理上认为自己是女性，这属于性别认同障碍。最后，这个男孩不得不通过手术来改变自己的生理性别，给自身及家庭带来长期、巨大的伤痛。

正常孩子在3岁左右即可识别自己的性别，性别的差异随年龄增长而更加明显，即使在相当中性的环境下长大也会如此。但有些孩子对自身性别的心理认识、言语行为却与自己的生理性别相反，即在穿着和行为爱好上像异性或坚持否认自己的生理性别，这被称为性别认同障碍。

一些心理学家认为，儿童和青少年或成年人对于性别认同障碍的外在表现是不尽相同的。一个儿童，如果有下列选项的4项以上，则说明这个儿童具有性别认同障碍：

（1）反复申述自己想成为另一性别，或坚持认为自己是另一性别。

（2）男孩喜欢换穿女装或耀眼的女性盛装；女孩则坚持穿典型男性的服装。

（3）在假扮游戏中强烈而坚持地偏爱另一性别的角色，或坚持幻想成为另一性别。

（4）强烈希望参加典型的另一性别的游戏及娱乐。

（5）强烈偏爱另一性别的游戏伙伴。

这一障碍必须在青春期前就已经十分显著才能确诊，典型的儿童在入学前就会出现症状。进入青春期后才出现，则诊断不能成立。此障碍必须至少持续存在6个月才可诊断。如果仅仅是女孩像假小子，男孩有女孩子气并不能算性别认同障碍。

在下面这3种高危家庭里长大的孩子较容易产生性别认同障碍。

单亲家庭及其辐射区。单亲家庭里缺乏母亲的温柔细心或是父亲的果断自信，难以给孩子一个完整和谐的成长环境。长时间和同一性别成人生活的孩子比较容易偏离正确的性别角色，而很多家长对这种缺憾的影响却浑然不觉，等发现孩子的性别认同存在问题时，孩子已经偏离正常轨道很远了。常见的还有由于父母一方工作繁忙，无法照顾孩子的家庭。

不和睦家庭。心理学家调查发现，成长于不和睦家庭的孩子性格往往存在不同程度的缺陷，要么叛逆偏激，要么固执怪异。这类孩子在家庭的压力下无法正确完成性别认同，可能会把投射在父母身上的反感，转化为对某种性别的偏差态度。

家长误导。比如，有的家长出于对女孩的偏爱或其他原因，将自己家的男孩“装扮”成女孩模样（或反之）。长期“异性打扮”，会导致孩子产生性别认同混淆。尤其当孩子成长到青春期，第二性征陆续出现时，心理上更容易产生困扰。

同性别认同阻碍相关的现象还有同性恋行为。以调查研究为前提，人们设想同性恋形成方式可能是：具有同性恋遗传因素（许多人趋向于承认其存在）的孩子自幼生活在有利于同性恋形成的环境之中，最后形成同性恋。不具备同性恋遗传因素的孩子处在有利于同性恋形成的环境之中，或具有同性恋的遗传因素而处在不利于同性恋形成的环境之中，最后都不能形成同性恋。

要在早期建立正常的性别认同，尤其在5岁以前。这一时期所接受的科学的性别教育将有利于儿童健全人格的成长和终身幸福。

第一，为减少性别认同障碍的发生，有必要从出生后就对婴儿进行适当的性别认同教育。

第二，认清性别特征，父母可指导孩子通过衣服、头发、胡须、称呼等认识自己或他人的性别。

第三，学习性别角色的行为，父母要赞许符合性别角色的行为，批评过火的反向行为；给男孩买“男孩玩具”，给女孩买“女孩玩具”；组织角色游戏，模仿生活中的角色进行表演，以增进儿童对不同性别角色的认识与模仿。

第四，正确对待儿童的性好奇与性疑问，父母在面对儿童的性游戏、性问题时不能回避、压制、胁迫、谩骂、耻笑，应使用科学用语给幼儿以最简单的道理和幽默浅显的讲解。

吃手、憋大小便、性好奇

——0～6岁孩子的性发展规律

孩子出生后，性的发展一直与身体的发展、语言的发展、思维的发展、情感的发展等各项机能同步进行，从未落后过，并且也是有阶段、有顺序地发展起来的。

心理学家弗洛伊德将人类的性心理发展分为五个阶段：口欲期（0～1岁半），肛欲期（1岁半～3岁），生殖器期（3～6岁），潜伏期（6～12岁），青春期（12岁开始）。

6岁前孩子的性活动，经历了从口唇到肛门再到生殖器的三个阶段，性感觉朝着以生殖器为主导的方向发展，为青春期以生殖器为统治地位的性活动打下了基础。所以，6岁前的性心理发展是人一生中性心理发展的重要时期。

0～1岁半，口欲期

我们常常看到这样的情景：妈妈抱着婴儿，婴儿在吃饱乳汁后闭着眼睛，含着妈妈的乳头，嘴角挂着一丝微笑，极度满足的样子。吸吮妈妈乳房的过程是孩子与母亲建立依恋关系的最佳途径，这时候是母子最为幸福的时刻。婴儿通过吸吮妈妈的乳头或奶瓶上的奶嘴满足食欲，体验刺激口唇带来的全身心的舒服与满足感，这样的快感就是婴儿获得的最初的性体验，并被保存在了身体的记忆里。

婴儿通过吸吮妈妈的乳头、自己的手指或者其他适合塞入口中的东西获得一种性满足，这个过程是人类性欲发展的第一个阶段。其实，口欲期在孩子出生以前就开始了，胎儿在子宫内就会吸吮自己的手指。

婴儿还通过吸吮自己的手指、脚趾或衣袖、玩具等来满足自己吸吮的欲望。当婴儿吸吮自己的手指、脚趾，或者将整个小拳头放入口中搅和时，孩子还会兴奋、握拳和全身紧张，其脸部皮肤和身体皮肤会发红。孩子通过刺激自己身体的某个部位来获得性感受和性快感，而不再只依赖妈妈的乳头来获得性体验。

如果在口欲期孩子吸吮的欲望没有获得满足，比如孩子吃手指、吸吮毛巾或其他物品被严厉制止，孩子的吸吮欲望会延长，以至3岁后孩子对吸吮仍然充满热情。所以，不要阻止他往嘴里放东西，剥夺他的这种体验。如果你觉得有些东西不卫生或者危险，应该在孩子发现之前就把它们藏起来。

1岁半～3岁，肛欲期

肛欲期孩子的表现包括：

憋大小便，尿在或拉在裤子上。

研究自己的大小便，用小便画画，用手、木棍、筷子扒拉大便。

频繁地去厕所小便，但每次只有一点点，到医院检查却都很正常。

体验性感觉，伴随着孩子憋尿、憋大便或者之后的释放，有部分孩子可能体验到性的欣快感：面红、出汗、全身紧张状、颤抖等。

1岁半左右的孩子通常都接受了大小便的训练，随着括约肌的发达，开始能在一定程度上控制自己的大小便。为什么在进入肛欲期后，孩子会把大小便解在裤子里？再进一步追问，孩子为什么会出现肛欲期呢？

孩子掌握大小便能力的发展阶段是：婴儿时期无序的大小便→被成人训

练大小便习惯→练习自主掌控大小便→完全能够自主掌控大小便。肛欲期的孩子处于“练习自主掌控大小便”阶段，这个阶段的具体经过是：憋大小便→体验憋不住的感受→在“憋不住时”到卫生间马桶上大小便。如果父母在孩子开始“憋大便或者小便”时，就让孩子“在适当的时候到卫生间马桶上大小便”，孩子会因为这个“憋”的要求未得到满足而感觉自己无能，产生自卑心理。成人能够在开会、上班时忍住不上卫生间，这个忍受力就是从肛欲期发展而来的。

孩子憋大便的一个原因是，大便的积累造成强烈的肌肉收缩，当大便通过肛门时，黏膜产生强烈的刺激感，这样的感觉不仅是难受，也能带来高度的快感。

肛欲期一般经历2个月左右就会结束。并不是每个孩子都有非常明显的肛欲期表现。肛欲期的结束，标志着孩子的性心理向着下一个阶段——生殖器期迈进。

有些家长不懂得孩子肛欲期的表现，错误地对待肛欲期孩子。比如，对于孩子尿裤子或把大便拉在裤子里的事情非常生气，认为是孩子故意不听话、贪玩不愿意上卫生间引起的，便开始打骂孩子，希望结束这样的情况，或对孩子大小便的要求很严格……

父母错误的做法将扰乱孩子自己控制大小便的自然节律，招致孩子更多的“报复”——将大小便解在裤子里的次数越来越多，肛欲期拖延的时间也就越长。有的孩子几个月甚至半年多都不结束肛欲期，有的孩子几年都处于尿裤子和将大便解在裤子里的尴尬与痛苦之中，这样孩子的性发展就受阻了。

那么，父母、老师该如何帮助孩子顺利度过肛欲期呢?

真正理解和接受孩子肛欲期的表现。父母和家人都要懂得孩子肛欲期的心理和生理发展规律，明白这是孩子性发展的一个阶段，不可以将孩子尿湿裤子或者将大便解在裤子里的事情作为话题说来说去，更不可以当着孩子的面说长道短。不可以打断孩子正在进行的憋尿或者憋大便；如果成人对正在憋便的孩子说：“你已经憋不住了，快去厕所啊！”或直接把孩子抱进厕所，强行按坐在马桶上，都会破坏孩子正在进行的体验。

正确看待孩子尿裤子，不可以羞辱孩子。当孩子将大小便解在裤子里时，平静温和地告诉孩子：“宝贝，这不是什么问题，妈妈给你换上干净的裤子。”千万不要抱怨、耻笑、责骂和威胁：“都这么大了还尿裤子！”“你怎么这么笨啊！”“其他小朋友怎么不像你一样尿裤子呢？”“你再尿裤子，妈妈就不喜欢你了。”打骂和羞辱只会让孩子产生自卑心理，影响孩子的人格中自尊的建构。家庭里的所有成员都不可以这样做。

a.抱怨孩子　　b.安慰孩子

图10-3　正确看待孩子尿裤子

允许孩子适当地研究大小便。如果孩子自己玩大小便，父母不要强行打断孩子，可以告诉孩子不要将大小便涂抹到更大的范围。如果仅是孩子的手上沾上了大小便，父母协助孩子洗干净就可以了，不要斥责孩子不讲卫生，也不要以“肮脏”“羞”等概念来训斥孩子。可以温和地告诉孩子，大小便中有细菌，如果不洗干净手上的大小便，会使身体得病。

父母要和幼儿园老师积极沟通，获得老师的支持。不少幼儿园“培养孩子好习惯的纪律”违背了孩子的发展规律。比如，上课时间不可以大便，午睡时间不可以大便，吃饭时间不可以大便，孩子大便时被老师催促，粗暴地处理孩子尿裤子，等等。老师要理解孩子肛欲期的现象，允许孩子按照自己的需要自由地上厕所，平静地处理孩子尿裤子等事件，孩子才能顺利地度过肛欲期。如果无法取得老师的配合，可以让孩子暂时离开幼儿园，等肛欲期度过后再进入幼儿园。

3~6岁：生殖器期

生殖器期是孩子性发展的第一个高峰期。人们往往认为青春期的孩子才会出现性发展的高峰，其实人一生性发展要经历两个高峰期，第一个性发展高峰是3~6岁，第二个性发展高峰才是青春期阶段。

3岁以后儿童神经生理的逐渐成熟，导致孩子性欲增强，性心理发展迅速。孩子会表现出对于性的强烈好奇心：要求看父母洗澡、上洗手间；提出各种关于性的问题，比如“我从哪里来”“女孩为什么蹲着尿尿，而男孩要站着尿尿”；还会玩结婚、生孩子、互相看或摸生殖器等各种性游戏；用手或其他物品摩擦生殖器，体验性的高潮；产生恋父恋母情结；等等。

6岁前也是孩子性发展的幼稚期，孩子有很多幼稚的性活动。比如，在他人身体上摩擦生殖器，手淫的时候不回避他人，等等。因此，我们在看待幼儿的性活动时，不能与成人的性行为相提并论，更不能按照成人社会的性道德标准来看待孩子。

通过这些性活动发现自己身体的性感觉、性情绪、两性间的情感，是孩子自我认知的重要过程。

“我是从哪里来的？”

——如何回答孩子提出的性问题

西方社会对孩子的性启蒙教育较早，而中国学校和家长都羞于对孩子谈“性”，遮遮掩掩，甚至谈性色变。性教育越早开始越好，最晚也必须在孩子开始提问时进行，这是性教育的一个最好契机。

大部分幼儿在3岁左右就会对“我是从哪里来的”这样的问题感兴趣，随着年龄的增大就会提出一系列与性有关的问题，比如：“我是从哪里来的？”“为什么妈妈的乳房比爸爸的大？”“男孩有小鸡鸡，女孩为什么没有？”

其实，儿童提出性问题是很正常的现象，家长要理智面对，可用孩子能听懂的通俗语言简单地讲解。如果实在答不上来，则要如实地告诉孩子：“这个问题妈妈一时也答不上来，我看书找到答案再告诉你，好吗？”

愚昧的回答会伤害孩子

某电视台曾做过“我从哪里来”的调查，被调查对象年龄涵盖1940—1990年出生的人。记者采访近200人中，竟有85%的人被父母告知是捡来的。

一些网站也为此发起投票，吸引数万名网友参与，结果显示，近70%的网友被父母告知是“捡来的”。

有网友回忆说：“自从我知道自己是被父母从垃圾箱捡来的后，每次走路看到垃圾箱就远远地躲开，生怕父母把我送回去，因为每次我做错了事，他们老是拿这句话来吓唬我。”“我小时候常常会在父母对自己严厉时悲痛欲绝地想：‘我的亲生父母在哪儿啊？他们一定不会这样对待我吧？’”

其他的古怪答案还包括：从石头缝里蹦出来的；从胳肢窝掉出来的；被洪水冲来的；圆白菜里长的……最难以接受的答案是“像大便一样拉出来的”。这些“胡说”往往会使孩子深感不安，害怕随时又被丢回马路、厕所、垃圾桶，甚至觉得生命的诞生是肮脏的、可怕的。

图10-4　愚昧的回答会伤害孩子

父母甚至担心孩子为什么会关心起“性”这个话题，孩子一问就会马上制止、辱骂。例如，孩子刚提出这个问题时，妈妈就马上给孩子一记耳光，并严厉地说：“今后不许再提这种傻问题，羞死了！”这样会使得孩子觉得，性问题是傻问题不能讲也不能问。孩子长大后，会把性看得很神秘，进而产生强烈的探究心理，从而过早地设法感受性的体验，或认为性是可耻的，导致性心理障碍与恋爱、婚姻的挫败。

父母一味回避、遮掩、制止，只会更加激发孩子的好奇心。现在的信息来源非常丰富，孩子如果不能从正当途径了解相关知识，势必会从黄色书籍、不良网站等途径去寻找答案，风险将更大。

其实，3～6岁的幼儿处在一个对客观世界充满好奇、探索的阶段。他们奇怪：树叶为什么会落下来？猫为什么能从很高的地方跳下而不受伤？天为什么是蓝的？人为什么要吃东西？而“我从哪里来”这个问题，对他们而言只是令其好奇的无数问题中的一个。孩子问性问题，多半是为了寻找归宿感，希望知道自己有“正确”的来源，而且深受关爱。

分阶段回答孩子的提问

“我是从哪里来的？”几乎每个孩子都会问这个问题，也是大多数父母觉得不那么容易回答的问题。能够回答“你是妈妈生出来的”的父母已经算是有勇气的了。但是，除了这个问题外，连带的后续问题还会在当时或以后被问道：怎么生出来的呢？从哪儿生出来的呢？生之前我在哪儿……面对孩子一连串天真无邪的问题，父母往往不知所措。

3岁的孩子问：“妈妈，我是从哪儿来的？”

妈妈就直接回答：“你是从妈妈肚子里生出来的。”孩子往往就不再问了，似乎对这个答案很满意，这时妈妈也不用继续讲解。

4岁的时候，孩子可能进一步问：“妈妈，我是怎么从你肚子里生出来的？”（或者：“我到底是怎样生出来的？”“我是从哪儿生出来的？”）

妈妈可以说：“妈妈到医院让医生把肚子划开，把你取出来的。做手术时因为用了麻药，所以也不痛。”孩子如果不再继续发问，妈妈也就不用再说什么了。不论是剖宫产还是顺产都可以这样回答，孩子并不会追究你肚子上有没有刀疤。如果孩子一定要追究，妈妈可以说伤口已经完全愈合了，所以现在就看不到伤疤了。

如果是顺产，妈妈也可以保持平静自然的神情，回答道：“你在妈妈肚子里长到10个月的时候，就知道自己长大了，要出来了。于是就给妈妈发信号，告诉我你要出生了。我就赶紧到了医院，在病房里，医生给了我们最好的帮助。经过你、我和医生的共同努力，你就从生命通道顺利降生了。”（也可以说成“秘密通道”“产道”等。）

这时，孩子可能继续发问：“那生命通道在哪里？”

妈妈可以回答：“在小便和大便的通道中间还有一个通道，就是生命通道。”

孩子可能会很惊讶：“那宝宝不会被臭死吗？”

妈妈说：“呵呵，不会的。虽然比较近，却是完全不同的路。”这时孩子一般就停止追问了，父母也可以通过其他话题转移孩子的注意力。如果孩子坚持要弄明白生命通道是怎么回事，可以让孩子看看合适的性教育绘本。

5岁的时候，孩子的问题可能会进一步升级：“妈妈，我是从你肚子里生出来的吧，那我是怎么进到你的肚子里去的呢？”

妈妈可以施以缓兵之计：“这是个很复杂的过程，等你长大了，妈妈会讲给你听的，到那时，你就会明白了！”等到孩子6岁问起时再具体回答。

如果当时就打算回答孩子，那么在讲解时能辅以合适的性教育绘本会更好：“爸爸有自己的生殖器官，妈妈也有自己的生殖器官……”

孩子可能要打断妈妈的话：“什么是生殖器官？”

妈妈：“就是生孩子的器官。我们身体的每一个器官都是有用的。比如说，眼睛是用来干什么的？”

孩子：“用来看东西的。”

妈妈："那鼻子呢？"

孩子："用来呼吸的。"

妈妈："生殖器官就是用来生孩子的。爸爸和妈妈身体上都有生孩子的器官。爸爸的生殖器官里面有精子，妈妈的生殖器官里有卵子，爸爸把这精子种到妈妈的身体里，精子和卵子结合在一起，就是你的生命。然后你开始在妈妈的肚子里慢慢长大，当妈妈的肚子装不下你时，你就出生了。"

孩子并不就此罢休："那爸爸的精子是怎么种到妈妈的身体里呢？"

妈妈这下被逼得无路可退了，但仍应保持平静自然的神态和语气。国外父母的普遍做法是直接告诉孩子，爸爸把自己的阴茎（生殖器官）放进妈妈的阴道（生殖器官），这样精子和卵子就相遇、结合在一起了。我们建议中国父母可以模糊化这个过程。妈妈可以举着两个拳头比画着："你看，精子在爸爸生殖器里，卵子在妈妈生殖器里，爸爸和妈妈的生殖器官碰在一起，精子就种进去了！"

这时，孩子的迷惑就会消除了，甚至还会加上一句："原来是这么回事啊，我知道啦！"

回答孩子"我是怎么进到你肚子里的"这个问题的另一种说法可以是："宝贝，是不是经常有人说你长得像妈妈，也有人说你长得像爸爸？（孩子说'是'）我和爸爸结婚后，想要个孩子，就从爸爸身上拿了一点点东西（妈妈用手到孩子的小胳膊上或小脸上轻轻地做一个捏走一点点东西的动作），然后又从妈妈身上拿了一点点东西（妈妈到自己的脸上做一个揪下一点点东西的动作），接着把这两点点东西放在一起（妈妈用两个手指做揉搓在一起的动作），最后放到妈妈肚子里（用大拇指做一个往肚脐眼摁的动作），你就慢慢在妈妈肚子里长成了。"

这时孩子可能觉得很神奇，妈妈接着说："所以你长得既像爸爸，又像妈妈。你自己觉得你像谁啊？"这样就可以把话题转移了，孩子会琢磨自己究竟像谁的问题，不会再追问了。

图10-5　分阶段回答孩子的提问

回答孩子提出的性问题的3大原则

应该科学而巧妙地回答孩子提出的各种性问题。这样不但满足了孩子的好奇之心，也拉近了你和孩子的心理和情感距离，更让他懂得了他在你的心目中是多么的重要。这一点会让孩子更有安全感，会对他的人格形成、性心理发展起到重要的作用。

在回答孩子的问题时，父母应该遵循以下三个原则。

原则1：孩子有问题，父母要回答。这是与孩子交流性话题的最好时机。不可以回避、转移孩子的话题，否则会加重孩子的好奇心，让孩子觉得性话题很神秘，反而会激起孩子通过网络、书刊等其他途径自行探索。如果不知道如何回答，就告诉孩子："这个问题妈妈一时也答不上来，我看看书，找到答案再告诉你，好吗？"并且要记住一定要告诉他。更不要把孩子所提的性问题上升到道德层面，打骂、羞辱孩子，给孩子带来恐惧、焦虑，加深其罪恶感，影响他对性的正确认识，甚至形成性心理障碍。

原则2：孩子问什么，父母答什么。父母要用孩子的年龄段能听懂的语言简单地讲解，让孩子能够听得明白。不要在答案中提到更多孩子不能够理解的新概念，因为孩子听不懂这些词语，他们会继续问"什么是性交"，这会让父母陷入困境。孩子不继续发问，说明孩子对这个问题的疑问和理解暂时到此为止，我们就不要继续讲解。也就是有问才答、无问不说。孩子没有主动提出，父母就没有必要主动挑起话题。父母不需要一次把整个生育过程完整、详细地讲出来，应随着孩子年龄的增长、生理和心理的成长逐渐推进。

原则3：结合国情，适可而止。单纯把"性教育"等同于"性知识讲解"，这是一种错误的认识和做法。我国的"性教育"不能照搬西方模式，而要符合中国文化传统。对孩子提出的性问题，不能讳莫如深，但也不应进行详尽的"技术性"回答。孩子一问到"出生"，父母就讲到"阴茎""阴道""性交""做爱"，其实并无必要，不宜将成人化的性知识和过程向幼儿和盘托出。对幼儿的性教育宜"虚"不宜"实"，不要在回答中过多提到性活动的细节，否则会唤醒孩子进行更多超过年龄的性探索，不利于孩子心理发展。

男孩摸小鸡鸡，女孩夹腿

——正视幼儿手淫

京京还不到4岁呢，却总是喜欢摸小鸡鸡，并表现出很舒服、很享受的样子。父母刚开始也没太在意，可现在他当着大人的面也总摸。

倩倩5岁多了，躺在床上或沙发上的时候，有时会两条腿紧紧地夹在一起或叠在一起，腿伸得很直，脚绷得很紧，小脸憋得通红……就这么保持着，少则五六分钟，多则20分钟……

父母和老师常常会看到幼儿的这些举动：用手摆弄自己的生殖器，或两脚交叉夹腿并上下移动摩擦，或在家具的棱角上摩擦生殖部位，或骑在沙发、枕头、毛绒玩具等物体上扭动身体……在摩擦的同时，可能脸孔通红，两眼凝视，表情紧张而愉快，并常伴有出汗、轻声的哼哼和不规则的呼吸声，一般每三五分钟到一二十分钟不等。心理学家将这些表现称为“幼儿手淫”。

这里的“手淫”一词，包括反复用手或其他物品搓揉生殖器官、乳头、肚脐或身体其他部位，或通过夹腿挤压生殖器以获得性快感的行为。该词仅仅是对这些行为的客观描述，不带有任何道德评价和社会态度。

3～6岁的孩子为什么会手淫

幼儿性的发展和其他行为的发展是平行的，性心理和性行为的发展不是到了青春期才突然出现，而是在孩子很小的时候就开始了。3～6岁是孩子性心理发展的第一个高峰，青春期是第二个高峰。

从婴儿期开始，孩子就会探索自己的生殖器，就像探索自己的手、嘴巴、眼睛、鼻子等身体其他部位一样。孩子最初的快感体验可能是无意的，其强度也往往较弱，反反复复就会得到强化。孩子发现，抚摸生殖器带来的快感往往比其他部位强，所以他们会给予特别的注意。不过这完全是一种正常的现象，就像孩子摸摸鼻子、揪揪耳朵一样，没有什么值得大惊小怪的。这也完全是孩子探索自身和外部世界的求知欲的一种表现。

3～4岁时，随着生理进一步发展，幼儿更容易感觉到来自生殖器是刺激。此外，在这个年龄段，幼儿身体里性激素有所增加，因此幼儿身体里性的冲动比之前更多。

所以，3～6岁幼儿有更多的手淫行为，表现明显。除此之外，对异性的好奇、想看父母的身体、儿童间的性游戏（互相看、摸生殖器，过家家）等现象也表现明显。几乎所有的幼儿都或轻或重地出现这种现象，这是儿童性发展中正常的表现。

6～7岁后，也即进入小学后，性发展进入潜伏期，绝大多数儿童手淫行为就没有了。到青春期后，性发展又开始，达到生殖器占统治地位的性发展高峰。

除了上述生理因素外，幼儿如果频繁而持续地手淫，可能表明孩子生活中存在其他问题。譬如，无聊或精力过剩；成人经常逗弄孩子的敏感部位；父母忽略清洁孩子敏感部位；孩子平时得到父母的呵护很少，通过自身刺激来求得安慰，排解孤独情绪等。

不可以羞辱、打骂、恐吓孩子

小婷3岁了，近来经常坐在大人腿上或躺下时就咬紧嘴唇，两腿夹紧并相互摩擦，直至面红、出汗，大概几分钟后停止。妈妈一见她发作便骂她，甚至打她，但均未能制止。

“你在干吗啊？！”晚上快睡觉时，妈妈发现5岁的儿子多多躺在被窝里悄悄抚摸小鸡鸡，就一下子掀开被子，把多多揪下床，让他面壁思过，并吓唬孩子再摸就割掉小鸡鸡。多多吓得大哭起来，一边哭一边向妈妈保证：“我以后再也不敢了！”可没过两天，妈妈发现儿子又手淫了。

当发现孩子手淫后，大多数父母和老师持否定的态度，并希望以引导或惩罚来使孩子改掉手淫这个坏习惯。有的父母恐吓孩子，说会得病、会伤害生殖器；有的父母责骂、毒打孩子。结果，不但没达到设想的效果，反而使孩子的手淫更加频繁。孩子明白这个行为被父母、老师发现后要挨骂，便转入“地下”状态了。

父母这样做，严重破坏了孩子对身体性唤起和性感觉的正常接纳，让孩子认为自身的性唤起是脏的、恶的、可怕的，认为这种行为是非常严重的、见不得人的错误，会给孩子带来心理压力和自卑情绪。这样更有可能使孩子从手淫中寻求安慰，使手淫的次数更加频繁。孩子成年后一旦有性唤起，就会认为这是丑恶的、会带来疾病，导致孩子成年后性功能障碍。

干预孩子手淫，不应阻止孩子手淫，而是要让孩子顺其自然，帮助孩子完成对自身性唤起的认知、体验、接纳和掌控。

父母不可以突然打断孩子正在进行的手淫，这样做会破坏孩子的性体验过程。如果孩子体验性感觉的过程经常被打断，孩子不会顺从成人而停止自己的发展行为，而是更努力地完成发展任务。所以，经常被父母打断手淫的孩子，会出现手淫更加频繁的现象。

如果发现孩子手淫的时间过长，比如超过半个小时，父母最好不要点破，应想办法转移孩子的注意力，比如给他新奇的玩具让他玩儿、给他讲有趣的故事或和他一起做游戏等。

当发现孩子在其他人面前手淫的时候，应该这样跟他讲：“当你想用那种方式触摸身体的时候，你最好在自己的房间里或隐蔽的地方，这样会更好地保护你的隐私。”如果孩子不同意，最好把孩子带离公共场合。

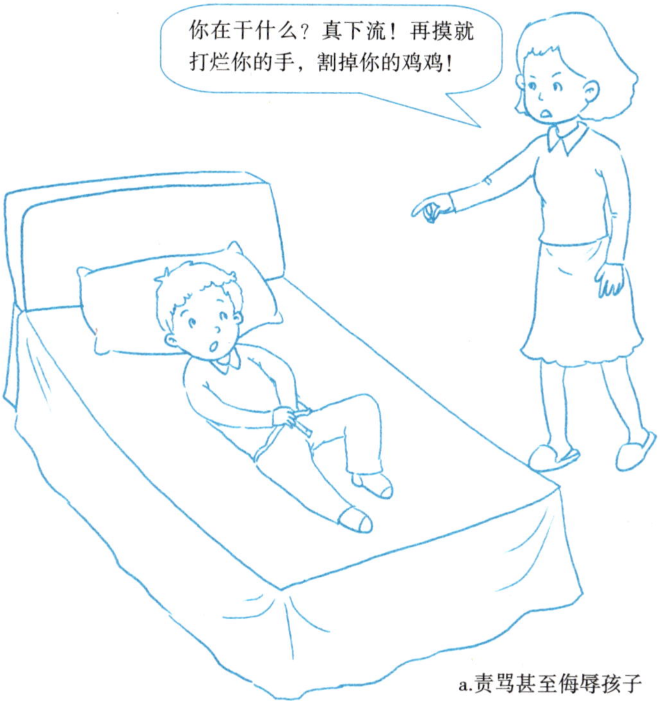

a.责骂甚至侮辱孩子

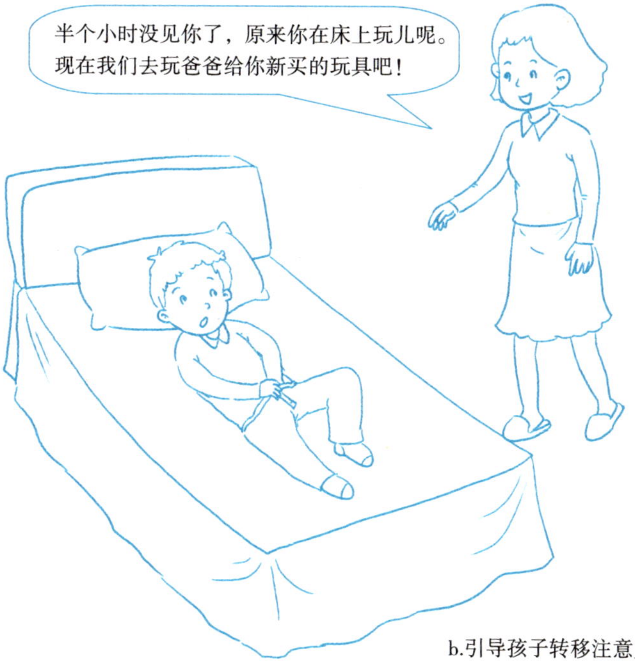

b.引导孩子转移注意力

图10-6　正确对待幼儿手淫

父母要多和孩子接触，给予更多的爱

孩子如果一天手淫好几次，每次的时间很长，就属于沉溺手淫了。孩子沉溺手淫，主要原因是成长环境恶化：父母不和睦，父母离异，父母很少陪伴孩子，父母做爱不回避孩子，成人粗暴干预孩子手淫，孩子看到大量的色情视频，突然换了照看人，突然变换幼儿园，搬到新房子里去住，孩子在幼儿园受到较大的心理伤害，等等。

对于沉溺手淫的孩子，父母要更多地从引起孩子沉溺手淫的原因着手，改善孩子的生活环境，必要时可以寻求专业人士的帮助。

父母一定要多与孩子接触，多陪孩子玩耍，多和孩子玩身体接触游戏，多拥抱孩子。尽最大努力给孩子营造轻松愉快的家庭环境，让孩子感受到温暖和爱，只要孩子的情感需要得到满足，他内心的紧张与孤独感自然会减轻，那么用手淫去满足情感需要的自体刺激行为就会逐渐减少，直至消失。

手淫一般发生在孩子独处的时候，如果经常让孩子在群体中，孩子对生殖器的关注度一定会降低，从而会忘记手淫这件事。鼓励孩子多参加集体活动，跟小朋友一起唱歌、朗诵儿歌、做游戏等。

尽可能用各种活动“占住”孩子的手。比如，和孩子玩需要双手协调活动的游戏，例如串串珠子、搭搭积木、玩玩拼图、吹吹肥皂泡泡、投球入盆、敲打锅铲出声、开动惯性小汽车等。多做游戏，消耗孩子的精力。

不管是男孩还是女孩，要从小养成讲卫生的好习惯。晚上睡觉之前，家长要给孩子清洗外生殖器，这样才能防止细菌感染引起瘙痒等疾病。

不要给孩子穿紧身衣裤，因为紧身衣裤容易使会阴或阴茎受到刺激而诱发手淫。应该给孩子穿较为宽松的衣服和柔软的内裤，也不要让孩子穿得太多。

要让孩子养成良好的作息习惯。睡觉之前或者睡醒之后是孩子手淫的高发时段，所以一定要让孩子疲倦了再睡觉。孩子睡醒之后一定不要让他赖床；如果他醒着不起床而在被子中玩耍，极易去抚弄生殖器。